项目资助
国家重点研发计划"地球观测与导航"重点专项
"城镇公共安全立体化网络构建与应急响应示范"(2018YFB0505500)
课题二
突发自然灾害和事故灾难事件监测与风险评估(2018YFB0505502)

基于要素异质性的城市雨洪
过程建模及模拟案例

彭国强　张　卓　宋志尧 ◎ 著

JIYU YAOSU YIZHIXING DE

CHENGSHI YUHONG

ONI ANLI

河海大学出版社
HOHAI UNIVERSITY PRESS
·南京·

图书在版编目(CIP)数据

基于要素异质性的城市雨洪过程建模及模拟案例 /
彭国强,张卓,宋志尧著. -- 南京 : 河海大学出版社,
2021.4

ISBN 978-7-5630-6888-3

Ⅰ. ①基… Ⅱ. ①彭… ②张… ③宋… Ⅲ. ①城市—
防洪工程—过程模型 Ⅳ. ①TU998.4

中国版本图书馆 CIP 数据核字(2021)第 047572 号

书 名	基于要素异质性的城市雨洪过程建模及模拟案例	
书 号	ISBN 978-7-5630-6888-3	
责任编辑	张陆海	
特约编辑	王丹妮	
特约校对	高尚年	王典露
封面设计	张育智	周彦余
出版发行	河海大学出版社	
网 址	http://www.hhup.com	
地 址	南京市西康路 1 号(邮编:210098)	
电 话	(025)83737852(总编室)	(025)83722833(营销部)
经 销	江苏省新华发行集团有限公司	
排 版	南京布克文化发展有限公司	
印 刷	江苏凤凰数码印务有限公司	
开 本	718 毫米×1000 毫米 1/16	
印 张	8.75	
字 数	181 千字	
版 次	2021 年 4 月第 1 版	
印 次	2021 年 4 月第 1 次印刷	
定 价	55.00 元	

摘　要

　　在全球气候变化及高速城市化进程的背景下,我国城市暴雨洪涝灾害发生的频率越来越高,造成的经济损失和社会影响也越来越严重。近年来,面向城市洪涝灾害风险管理、防洪排涝设施规划建设的科学研究和工程应用广泛展开。其中,以城市水文/水动力模型为基础的建模及模拟技术,因其在规律揭示、模拟预测等方面的优势,已经成为城市洪涝灾害风险管理及基础设施规划建设方面的重要支撑技术。但城市环境中存在着大量的不同类型、具有不同特征的地理要素,即空间异质性,极大地影响到城市雨洪过程建模及模拟。传统方法中,为了降低建模与模拟的复杂度,以及提高模型计算结果与观测结果的吻合性,将大量简化或概化方案用于城市雨洪过程的建模及模拟中。这些简化或概化方案主要体现在,描述现实世界空间异质性特征的输入数据和计算空间异质性特征作用下水流过程的模型结构两方面。由于对现实世界空间异质性特征的组织描述和空间异质性特征影响下的水流运动规律揭示能力的不足,这直接影响分析揭示不同要素对城市雨洪过程的影响和作用机制的能力。

　　本书以影响城市雨洪过程的要素及其空间异质性特征为视角,以要素异质性特征的表达、动力学过程建模及模拟以及地理分析为切入点,对城市雨洪过程建模及模拟过程中的输入数据适配及空间离散、地表与管网水流耦合建模及模拟进行了研究,在此基础上,结合典型城市区域,针对不同要素对城市雨洪过程的影响及其时空特征进行了分析研究。

　　主要研究内容与成果如下:

　　(1) 针对顾及要素异质性的城市雨洪过程建模及模拟所涉及的数据适配及空间离散网格生成的复杂性,研究了基于要素的耦合模型数据适配与空间离散方法。首先,在对影响城市雨洪过程的水文要素异质性特征分析基础上,从概念模型和逻辑模型两方面设计了数据适配模型,用于解析、存储及管理顾及要素异质性的城市雨洪过程建模及模拟过程所涉及的,用于表达要素异质性特征的空间数据和属性数据以及其他相关输入数据。其次,从单要素的数据适用性特征到要素之间的拓扑关系以及面向地表与管网水流过程耦合模拟的数据需求,研究了面向空间离散

< 001 >

及耦合模拟的数据预处理方法,使得输入数据更好地满足空间离散和耦合模拟的要求。最后,从多要素约束下的非结构三角形网格生成到要素异质性特征与离散网格自动融合方法以及排水系统专题数据自动转换方法,研究了面向耦合模型的地表空间离散网格自动生成及数据格式自动转换方法,使得在充分反映要素异质性的前提下,输入数据能更方便和自动化地转换成模型适配的数据格式。基于不同类型城市区域的应用案例以及在第 4、5 章研究中的应用表明,在满足对要素异质性特征处理要求的前提下,该方法能提升耦合建模与模拟过程中的数据预处理及空间离散网格生成的能力。

(2) 针对地表与地下管网水流过程耦合模拟的需求,基于两个主流开源模型 SWMM 和 ANUGA 研究了城市地表与管网水流过程双向同步耦合方法。在耦合建模方法原理方面,该方法以两个模型之间每个模拟步中每个水流交换节点的地表/地下水流动态交换方式进行实现。用于地表水流过程模拟的浅水方程方面,采用对连续性方程源项动态修正的方式进行处理;SWMM 模型管网水流输运模块方面,以各节点水流出/入流项动态设置及获取的方式实现管网水流交换的出入流过程处理。在模型系统的耦合模拟机制方面,以用于模拟地表水流过程的 ANUGA 模型为主循环控制,采用 ANUGA 调用 SWMM 模型管网水流输运模块的耦合方式。在耦合模拟中,运用了可操作对象式程序化方法,实现了管网系统中支持水流交换的节点及出水口水量的动态交换;还开发了多个功能接口,用于控制操作对象的工作状态,以满足耦合模拟时的不同水流交换情景的需要。以城市典型区域真实降雨事件为案例的实验验证表明,该耦合模型能很好地模拟出地表积水范围,说明基于动力学过程的耦合模拟模型能更为真实地刻画水流的运动状态和积水过程。此外,对不同类型要素异质性的考虑,能更好地分析不同要素类型对雨洪过程的作用和影响。

(3) 针对城市雨洪过程分析的需要,在本书建模及模拟对要素异质性考虑方面的研究成果基础上,基于情景分析和时空过程分析方法,结合典型研究区域,定量化研究了不同要素对城市雨洪过程的影响和管网节点运行状态的时空特征。具体来说,设计了基于情景分析的不同要素对地表总径流量及积水的影响研究和基于经验正交函数分析法的管网节点入流及溢流的时空变化特征分析。研究结果表明,研究区域内的排水管网、池塘、人工绿地、建筑物及道路对城市雨洪过程有着复杂的作用机制,部分定量化分析结果提升了基于定性认知城市水文要素对雨洪过程影响及要素之间相互作用机制的不足。在城市雨洪过程精细化模拟已经成为重要研究热点的背景下,为相关研究和工程应用提供了重要的借鉴意义。此外,本书将经验正交函数(EOF)分析方法应用于基于水动力模型的城市雨洪过程模拟结果分析中。基于经验正交函数分析法进行了管网节点入流/溢流时空变化特征分析,结果表明,EOF 是揭示管网节点水流运动时空过程规律的有效方法。

< 002 >

目　录

< 001 >

< 002 >

< 003 >

第1章

绪　论

1.1　研究背景及意义

1.1.1　研究背景

城市作为人类的主要活动场所,也是人类对自然环境改造程度最高的地方,同时也是人地关系最为复杂的地方(吴良镛,2002;黄沈发,2006;仇保兴,2015)。中国城市化进程对于推动经济社会现代化起到了至关重要的作用,但由于对城市可持续发展能力考虑的不足,产生了一系列严重的资源、环境、生命和财产安全问题。如城镇化进程中基础设施建设对河湖水系格局、地表覆盖及微地形的巨大影响,造成降雨下渗与蒸发显著减少,径流总量增大,城市洪涝灾害频发,地表径流所输运的污染物、泥沙及地表碎屑物质对地理环境及人类生活的影响等问题(常静,2007;李立青等,2009;张建云等,2016;邹霞等,2016;吴丹洁等,2016)。这些问题使城市水文学研究出现了新任务和新领域,其中城市水文过程机理解析与模拟计算是城市水文学两大基础研究方向之一(刘家宏等,2014;胡波等,2016)。

城市水文过程是包含"社会—自然"要素的二元复杂系统,其系统内部包含了复杂的自然水文要素、人工基础设施及其之间的相互作用(王浩等,2010,2016)。城市水文过程与外部环境之间关联复杂,且城市空间下垫面环境复杂多变,具有不均匀性和动态性特征,导致城市地表水文过程建模及模拟所涉及的影响因子多、相互作用关系复杂。同时,城市地表水文过程发生、发展的不同阶段演化过程也具有复杂且多变的特性(刘青娥等,2002;鞠琴,2005;钱津,2012)。城市中的各类地理要素,如:河流、湖泊、不同地表类型、道路、建筑物、地下排水设施等对地表水流过程和防洪防涝的影响和作用机制都是不同的。由于城市环境中空间异质性的客观现实,传统的城市水文建模与模拟方法大多是在对城市地表空间对象进行了大量概化和简化的基础上进行实现的。以美国环境保护局开发的城市暴雨管理模型(SWMM)为例(Gironás等,2010),该模型对淹没水位的计算是以汇水功能区为

< 001 >

基本单元,计算得出的流量和水深等信息也只是汇水功能区的平均值(丛翔宇等,2006;熊丽君等,2016),其对地表径流产流模拟过于简单(梅超等,2017),难以满足异质性环境下的洪涝灾害过程模拟和分析的需要。在实际情况中,洪涝淹没范围往往是发生在某个特定的区域,淹没区域范围和淹没水深也呈非均质特征。基于SWMM 的汇水单元内部的空间异质性特征如地表类型、道路、建筑物均是以参数化方案进行处理,难以反映某一特定类型要素对水流过程的影响和作用机制。基于大量概化或简化的城市雨洪过程建模与模拟方法,不利于揭示多因素作用下的城市雨洪过程时空演化规律,进而直接影响了模型的应用能力,如难以支持分析道路、建筑物、广场等城市基础设施的建设对城市雨洪过程的影响。在城市雨洪过程建模与模拟研究中,更加精细化地考虑城市环境中不同类型对象对城市雨洪过程的影响,是城市雨洪过程建模和模拟迫切需要解决的实际问题,也是提升城市雨洪应对能力的重要发展方向。

支撑以空间异质性为切入点、以动力学模型为核心的城市雨洪过程建模与模拟的主要技术条件包括:1. 对城市环境中的空间异质性特征进行归纳和组织描述,并转换为水动力模型可适配和使用的格式,使得城市环境中的空间异质性特征反映到模型的计算中去。2. 适用于空间异质性环境中、多要素影响和作用下的城市雨洪过程物理运动规律揭示与模拟的水动力耦合模型。在这两个条件的基础上,才能实现对异质性环境下不同要素的影响和作用机制的分析,提升空间异质性环境下的城市雨洪过程模拟与分析的能力。

本书在国家重点研发计划"地球观测与导航"重点专项"城镇公共安全立体化网络构建与应急响应示范"(2018YFB0505500)的支持下,从城市洪涝灾害防灾减灾工作出发,在研究用于表达和描述异质性特征的数据适配和空间离散方法基础上,研究基于动力学过程模型的城市雨洪过程耦合模拟方法,以提升对城市雨洪过程的模拟和预测能力,为城市洪涝防灾减灾工作提供更为强大的决策支持。在国家重点基础研究发展计划(973 项目)"人类活动与全球变化相互作用机制的模拟与评估"(2015CB954 102)支持下,研究城市雨洪过程的分析方法。通过分析、揭示城市环境中不同要素对城市雨洪过程的影响和作用机制及其时空变化特征,为认识人类对自然环境改造所带来的影响和后果提供支撑。

1.1.2 研究意义

城市雨洪问题是复杂的系统科学问题(俞孔坚等,2015)。水文学侧重于关注模型的准确性,为了提高模型计算结果与观测结果的吻合性,往往采用不同的方法对现实世界进行合理的概化或简化;而综合性研究分析一直是地理学的核心研究内容,综合性分析正是解决复杂的系统科学问题的基本途径。因此,如何从城市空间异质性的角度出发,去揭示城市洪涝问题成因、时空过程演化规律及其影响,是

< 002 >

提升认识和解决城市雨洪问题的关键所在。然而,以传统的数据适配及空间离散方法支撑考虑城市范围内不同要素的空间异质性特征,会大大地增加模型建模及模拟过程中的数据适配及空间离散工作的复杂度和难度,难以支持顾及要素异质性的城市雨洪过程建模及模拟的研究和应用。现有主要的建模与模拟的方法中,一维汇水模型,城市的空间异质性特征往往以参数化方案进行处理;二维动力模型往往只考虑地形及土地利用类型等信息,对其他地理实体对象进行概化或忽略,导致不同的城市地理实体对象对洪涝过程的影响和作用机制难以得到充分的揭示。因此,研究充分考虑城市空间异质性特征的、以二维水动力模型为主的耦合模拟方法,是支持城市雨洪过程模拟分析的必要条件。此外,本文还将结合上述雨洪过程建模和模拟技术及方法方面的研究成果,基于情景模拟与时空变化特征分析方法,分析不同要素对城市雨洪过程的影响和作用机制及关键因素的时空变化特征。为城市基础设施建设和规划以及综合认识雨洪过程的规律与机理提供帮助,也在一定程度上有助于提升对人地关系、空间异质性等地理学基本问题的研究和认识方法。

　　本书的研究思路是面对城市的空间异质性问题,从城市自然和人工水文要素的空间异质性角度出发,运用 GIS 在地理要素特征及空间关系存储组织与描述表达方面的优势,研究充分考虑城市空间异质性的数据适配及空间离散方法,为模型模拟提供基础支撑条件。在数据适配方法及空间离散研究基础上,研究考虑多要素的、基于动力学模型的水流过程耦合建模及模拟方法。此外,研究地理分析方法,分析揭示城市雨洪过程中不同要素对雨洪过程的作用和影响机制及关键要素的时空演化规律。研究内容上具有很强的学科交叉性,研究活动是在现实需求驱动下的基础性研究工作。

1.2　国内外研究现状

　　本书以城市水文要素的空间异质性特征为视角,面向具有空间异质性特征的城市空间环境中的雨洪过程建模与模拟研究需求,围绕面向雨洪过程建模与模拟的数据适配与空间离散方法、面向要素耦合模拟的城市雨洪过程建模与模拟方法以及基于模拟结果的综合性定量分析方法进行研究。研究现状针对本书的主要研究内容,分别从数据预处理及空间离散研究进展,城市水文模型及其对城市空间异质性要素的处理能力研究进展,城市雨洪过程模拟结果分析研究进展三个方面进行分析。

1.2.1　数据预处理及空间离散

　　影响及作用于城市雨洪过程的要素类型很多,主要包括地表下垫面因子(地形

< 003 >

和土地利用)、排水管网、道路、建筑物、自然或人工湖泊等。GIS 因其在空间数据采集、存储和管理方面的优势,与水文建模及模拟研究有着深度的融合。在模型输入数据适配方面,常用的空间离散网格生成软件普遍将 GIS 矢量数据和栅格数据作为重要的输入数据源。现有的国内外用于支持海绵城市建设的软件系统,不少是利用 GIS 技术对水文模型进行封装的基础上实现的。基于模型封装开发的软件系统,除了提升模型可视化表达能力,其核心内容是提升模型数据预处理和数据适配能力(赵冬泉等,2008;周玉文等,2015;刘德儿等,2016)。为了更好地为分布式水文/水动力模型提供输入参数和边界条件,Liu 等(2015)提出了基于新的软件系统架构支持数据模型与水文模型耦合的建模方法,用于降低模型数据适配的复杂程度。此外,不少研究者针对不同模型对输入数据的需求,基于面向对象的地理数据模型构建技术,建立了应用于流域水文模型的数据耦合模型(陈华等,2005;Kumar 等,2010;Bhatt 等,2014),该类数据耦合模型提升了模型配置和数据适配效率,很好地降低了分布式流域水文模型在建模及模拟过程中,数据适配方面的复杂度。在理论研究方面,王船海(2007)、王船海等(2012)提出了二元结构理论,基于该理论将 GIS 与水文模型进行深度融合,并成功应用于流域水文模拟中。地理本体因其对象化的组织和表达方式,也被用于支持地表水文过程及地下水文过程的建模及模拟,如 Stephen 等,(2017)、Hahmann 等,(2018)将基于地理本体的语义描述方法与水文模型进行结合研究。总体看来,国内外学者,在支持水文模型建模及模拟的数据预处理及数据适配方面有着广泛研究,这些研究成果能很好地提升模型输入数据和参数的适配能力,也直接地提升了模型本身的应用能力。

地表空间离散是根据模型的特定计算方法和特殊的输入数据和参数的需要,为模型计算提供所依赖的单元网格和相关的物理参数。基于单元网格的空间离散是动力学模型数值计算的基础,单元网格用于反映下垫面空间特性及单元格之间的时空关系。城市雨洪过程常用的单元网格类型主要包括:规则四边形、不规则四边形、规则三角形、不规则三角形、多边形等。按结构性可分为结构网格和非结构网格。非结构三角形网格因其对地形变化和要素空间特征所具有的良好表达能力、灵活的结构以及与其他对象连接和镶嵌的能力,是目前水文过程建模及模拟中所用到的较为普遍的地表空间离散方法(杜敏,2005;Schubert 等,2008;陈玉敏,2015;Hu 等,2018)。另一方面,由于结构网格的计算单元有序化、均质化的特点,基于结构化网格可以大大降低模型计算方法和程序实现的难度和复杂度,因此结构网格也被广泛地应用于水流过程的模拟。由于 DEM 在地形表达方面的优势和数据采集的便捷性,基于 DEM 规则网格的水流模拟是十分常见的水文建模及模拟方法(Yang 等,2006;Bates 等,2010;Huong 等,2013)。除此之外,基于其他多边形及多边形柱体的水流过程模拟也有一些研究案例,如五边形(Duran 等,2013),三角形柱体(张振鑫等,2016),可适应性四边形网格(Liang 等,2008),不规

< 004 >

则四边形(Zhang 等,2010)等。由于地表汇水过程采用的是线性水库模型,SWMM模型的基本离散单元为汇水功能区(张书亮等,2007)。汇水功能区的划分往往既考虑城市地表空间地形等自然因子,也考虑人工排水设施的作用范围;SWMM 模型的计算过程和模拟结果处理也是以汇水功能区为基本单元,如:流量、淹没水深等。总体来看,现有的空间离散方法对城市空间异质性的主要考虑内容包括:(1)结合地形数据,充分考虑城市地表空间地形的变化特性;(2)以城市下垫面类型反映城市地表空间的不同地表覆盖类型,包括不透水区域、可透水区域及其下渗特性等。

综上所述,现有的关于自动化的水文模型数据预处理及输入数据和参数适配方面的研究主要集中在流域范围内,缺少面向城市空间异质性环境下的雨洪过程耦合模型的输入数据和参数适配方法研究。另一方面,在基于动力学过程模型的城市雨洪过程耦合建模与模拟背景下,现有的城市地表空间离散方法对城市要素异质性特征及空间关系的考虑还有所不足,如单要素的异质性特征处理与表达、多要素之间的空间关系处理与表达、面向耦合模拟的数据预处理等。

1.2.2 城市水文模型及其对城市空间异质性要素的处理

城市水文模型是水文学研究中一个重要的分支,是认识复杂环境下的城市水文过程及机理的有效手段(徐金涛,2011;张建云,2012;殷剑敏,2013;王浩等,2015;秦语涵等,2016)。城市水文模型是把城市水文系统作为研究对象,根据降雨和水流的运动规律建立数学模型,用于对城市环境中的水文过程及其影响进行识别与描述。与本书关系密切的城市水文过程机理解析与模拟研究方面,降水-产汇流过程模拟研究比较系统,模型在考虑人工排水设施基础上,已建立了包括城市屋面、硬化地面、城市绿地等复杂城市下垫面的降水-蒸发-径流定量模拟模型(宋建军等,2006;金鑫等,2006;刘家宏,2015)。城市水文模型的主要用途包括:城市雨洪模拟、排水设施管理、水质污染模拟、城市规划等(董欣,2006;马海波,2013)。根据建模基础理论不同主要有概念性水文模型和数学物理水力模型两类(朱冬冬等,2011)。概念性水文模型,是根据水量平衡原理,利用参数化模型计算降雨经过截蓄入渗、地面径流和管道汇流等城市环境中各环节的水流运动量。数学物理水力模型,是依据物理学质量、动量与能量守恒定律以及产汇流过程物理特性,推导出描述地表径流、管道汇流过程的方程组,根据不同的网格剖分及方程离散方法,对方程进行求解,模拟或预报水流的运动过程(胡和平等,2007;高雁等,2008;詹道江等,2010;李传奇等,2010)。

目前主流的可以用于模拟城市水文及水动力过程的模型系统有数十种,常用的包括:SWMM(Gironás 等, 2010)、HSPF(Bicknell 等, 1995)、Info Works ICM、Info Works SWMM、MIKE Urban、ILLUDAS(Terstriep 等,1974)、HEC-Series、

< 005 >

WRF-Hydro(Gochis 等，2013)、LISFLOOD(Van 等，2010)、SOBEK(Dhondia 等，2004)、ANUGA(Roberts 等，2010)等。其中最为标志性的是 1969—1971 年由美国环境保护局开发的暴雨洪水管理模型 SWMM(Storm Water Management Model)，它是目前最具综合应用能力的城市水文模型之一，主要功能模块包括：降雨模拟、汇流计算、管网水流、水质模型以及低影响开发模拟等(Gironás 等，2010)。该模型在国内外有着大量的应用案例，是目前使用最为普遍的城市水文模型之一(任伯帜等，2006；马晓宇等，2012)。但地表水流过程模拟方面，该模型用简单的非线性水库蓄水过程线来模拟降雨径流。HSPF(Hydrological Simulation Program-Fortran)由美国环保局在 20 世纪 70 年代末开发完成，是用于模拟城市、森林、农村等较大流域内水文水质过程的数学模型(王晓霞，2008；李兆富等，2012)。Info Works SWMM 模型具有较强的管网模拟能力，但在地表汇水计算方面与 SWMM 类似，地表汇流以概念模型计算为主。HEC-RAS、WRF-Hydro、SCS、LISFLOOD 对由降雨引起的地表水流汇水过程有着很好的模拟能力，但这类模型没有耦合城市地下排水设施。同时，这类模型以流域洪水计算为主要侧重点，没有充分考虑不同要素对城市雨洪过程的作用和影响。此外，众多学者运用不同的求解方法对一维圣维南方程、二维浅水方程、坡面流方程、Navier-Stokes 等水力学常用方程进行求解计算，用于模拟城市雨洪过程(Mignot 等，2006；Kim 等，2015；Liang 等，2015；薛文宇，2016)，以及结合 GIS 栅格数据模拟水流运动过程(Bates 等，2000；2010；Horritt 等，2001)，和基于元胞自动机及曼宁公式等计算雨洪淹没过程(Liu 等，2015)。

在考虑城市空间异质性特征的耦合模拟模型方面，目前具有地下排水管网与地表动力过程的耦合模拟功能的模型系统主要是国外商业软件系统，如：MIKE Urban、Info Works ICM、PC SWMM 等，目前还没有开源的模型系统支持基于非结构网格的二维水动力学模型与排水管网的双向同步耦合模拟。SWMM 模型因其在排水管网计算能力方面的优势，不少学者基于模型耦合的方法进行二维坡面流模型与地下排水管线模型的耦合模拟工作，如 LISFLOOD 与 SWMM 的耦合(Wu 等，2018)，但 LISFLOOD 是基于结构化网格进行建模；基于结构网格的地表水流模型与 SWMM 耦合的还包括 SIPSON 及 MESHSIM 模型与 SWMM 管网模块的耦合模拟(Djordjević 等，2005；Dey 等，2007)。诸多研究者结合运用其团队或个人独立开发的二维水动力模型，凭借其对模型计算方法和程序实现原理的掌握能力，也建立与 SWMM 管线模型的耦合模拟方法，在耦合 SWMM 的基础上，初步考虑了道路、建筑物等要素对城市雨洪过程的影响和作用(Chang 等，2015；Leandro 等，Lee 等，2016)。国内研究案例方面(Yin 等，2016)基于二维水动力模型对上海某区域的道路在设计洪水下的淹没情况进行了模拟，但其模型中的地下排水设施影响采用参数化方案进行处理。现有的研究中对建筑物、道路等要素

< 006 >

的离散方法或参数化表达包括：a. 将建筑物或道路作为纯粹的不透水区域考虑；b. 采用固辟边界法考虑建筑物对水流的影响；c. 基于高精度 DEM 数据，将建筑物作为凸起地形，即真实地形法(喻海军，2015)。

现有的可用于城市雨洪过程模拟的模型数量多,不同的模型对城市地表和地下空间的异质性特征考虑情况有所不同。本文选取了有代表性的数个模型,从模型所具有的功能和模型常见应用案例两方面,对这些模型在城市空间异质性特征处理能力方面的不足之处进行了分析和总结,如表 1.1 所示。

表 1.1　主要城市水文模型对城市空间异质性特征处理能力分析

类别	模型名称	对城市空间异质性特征考虑情况
商业软件、开源及免费模型系统	SWMM	具备强大的管网水流模拟能力,但地表空间所存在的要素及其异质性特征考虑能力欠缺,以汇水区的参数化方案对地表空间土地利用类型进行概化(Gironás 等, 2010)
	HSPF	该模型可用于流域或城市化区域模拟,以子流域为基本单元,以地表空间土地利用类型为输入数据进行概化,没有耦合排水管网模型(Bicknell 等, 1995)
	InfoWorks SWMM/ InfoWorks ICM	InfoWorks SWMM 是基于 SWMM 模型封装的商业软件系统,其对空间异质性的考虑和 SWMM 模型一样。InfoWorksICM 则是基于 1D/2D 模型的耦合模型,将 SWMM 节点排出或溢出的水量用二维水动力模型进行模拟,且可单独考虑河道(https://www.infoworks.io/)。但其他地表要素出入流情况难以单独考虑
	MIKE Urban	MIKE 系列拥有多款产品可用于城市雨洪过程的模拟,其同样基于 SWMM 及自主开发的管网模型实现了与地表二维动力模型的耦合模拟(https://www.mikepoweredbydhi.com/),但目前的应用案例中地表空间离散方面仍是以土地利用类型为主,没有考虑建筑物、池塘等要素出入流情况的模拟案例
	ILLUDAS	以汇水功能区的参数化方案对地表空间土地利用类型进行概化。具备一定的管网水流模拟能力,但在地表方面,无法基于地理要素进行异质性特征考虑下的建模和模拟(Terstriep 等,1974)
	HEC-Series	采用非结构化三角形网格进行地表空间离散,可考虑城市地表空间的异质性特征。无法描述湖泊、池塘、建筑物的出入流情况,且该模型没有耦合城市排水管网
	WRF-Hydro	大气模型与水动力模型的耦合模型,以规则网格进行地表空间离散,不便于在空间离散阶段捕捉要素的异质性特征细节,且没有耦合排水管网模型(Gochis 等, 2013)

< 007 >

类别	模型名称	对城市空间异质性特征考虑情况
商业软件、开源及免费模型系统	LISFLOOD	基于 DEM 规则网格的地表水流动力过程模拟模型,地表要素异质性特征也基于土地利用类型进行考虑,且没有耦合排水管网模型(Van 等,2010)
	SOBEK-U	含有 1D 和 2D 水动力模型,地表空间基于规则网格进行空间离散,不利于捕捉要素的异质性特征,耦合了基于节点链路数据结构的一维模型可耦合模拟简单的管网水流或河网水流过程。(Dhondia 等,2004)
	ANUGA	基于非结构三角形网格的地表水流过程模拟,但目前版本没有包含下渗模型、排水管网模型(Roberts 等,2010)
研究者私有模型以及基于开源模型的耦合模型	LISFLOOD-SWMM	基于 DEM 的二维水动力模型和 SWMM 的耦合模型(Wu 等,2018),地表要素以土地覆盖类型的参数化方案处理,且 DEM 为规则网格难以支持对地表空间要素及其异质性特征的表达
	SIPSON-SWMM	基于 DEM 的二维水动力模型和 SWMM 的耦合模型,地表要素也以地表覆盖类型的参数化方案处理(Djordjević 等,2005)
	MESHSIM-SWMM	基于规则四边形网格的二维浅水方程和 SWMM 的耦合模型,地表要素以地表覆盖类型的参数化方案处理(Dey 等,2007),规则格网难以支持对地表空间要素及其异质性特征的表达
	OFM-SWMM	私有的基于坡面流模型与 SWMM 的耦合建模及模拟,考虑了建筑物的影响(Chang 等,2015;Lee 等,2016)。研究案例中没有综合主要地表要素进行模拟与分析,没有计算湖泊出入流情况
	SWM-SWMM	私有的基于浅水方程模型与 SWMM 的耦合建模及模拟,从地表覆盖类型的角度考虑了城市地表空间的异质性,且耦合了排水管网模型(喻海军,2015;Leandro 等,2016;Chen 等,2018),研究案例中没有综合性的计算地表要素(建筑物、湖泊、道路)的出入流情况
	FloodMap-Hydro Inundation2D	基于 DEM 的二维水动力模型,考虑了道路等凹陷区对城市雨洪过程的影响(Yin 等,2016),但以参数化方案考虑管网的作用,没有对地表其他要素进行单独考虑

综上所述,城市水文/水力模型种类多,有着很长的发展历史,是城市雨洪过程模拟和研究的有力工具。而基于动力学过程模型的城市雨洪过程建模及模拟是当前研究热点,不同的模型对城市空间异质性特征有不同的考虑情况,增强对城市空间异质性特征的处理能力是当前城市水动力模型的重要发展方向。但目前还缺少基于非结构三角形网格的二维开源水动力模型与排水管网模型双向同步耦合的研究案例。在考虑要素异质性的背景下,耦合模型还应支持对不同地表水流情景以

< 008 >

及多要素作用的水流过程的模拟与分析。

1.2.3　城市雨洪过程模拟结果分析内容和方法

基于研究和应用目标,对城市水文/水动力模型的模拟结果进行分析,是由模型模拟到模拟结果应用的基本环节。目前城市水文/水动力模型的模拟结果分析及应用领域主要包括三个方面,用于支撑城市洪涝灾害风险评价及应对措施分析决策、支撑城市基础设施建设及管理规划以及基于模型模拟结果对模型本身建模及模拟方法的研究和分析。

在支撑城市洪涝灾害风险评价及应对措施的分析研究方面,基于不同模型对淹没范围的分析,是一个重要的研究方向,如:黄国如等(2015),王慧亮等(2017)运用 GIS 和 SWMM 模型集成建模及模拟的方法,进行了暴雨情况下城市淹没范围的研究,并基于模拟结果给出了洪涝灾害风险区域及等级。王昊等(2018)用SWMM 模型模拟节点溢流情况,在此基础上运用基于 DEM 的水流分析算法模拟了某城区的洪涝淹没范围及水流动态扩散状态。Yin 等,(2017)基于二维水动力模型,耦合海岸增水等影响因素,对美国曼哈顿城区进行了多因素作用下的淹没范围模拟,基于模拟结果,结合 GIS 网络分析方法,分析了该地区应急救援力量应急响应过程及应对能力。在综合风险评估方面,薛文宇(2015)、叶丽梅等(2016)、吴海春等(2016)、满霞玉等(2017)分别研究了城市道路内的洪涝灾害风险区域及城市内涝点的分布模拟,基于该模拟结果,给出了风险防控及应对建议。近年来,随着全球气候变化的加剧,不少研究者从气候变化情景下考虑城市雨洪过程的建模和模拟,在这些研究中重点加入了对未来气候变化的考虑因素,基于对模拟结果的分析,提升气候变化条件下未来洪涝灾害的应对能力(Kundzewicz 等,2014;Field, C. B. 2014;Muis 等,2015;Mishra 等,2015)。此外还有诸多其他的风险分析结果,用于分析洪涝灾害的特征影响,Ernst 等(2010)基于高分辨率 GIS 数据和水动力过程模型的模拟,其对模拟结果的分析当中还进一步考虑了洪涝灾害导致的经济损失问题;Suarez 等,(2005)、Zhu 等,(2018)研究分析了洪涝灾害对城市交通运行状况的影响。

用于支撑城市建设及规划管理的分析主要包括两大类:全局整体性的分析和某类基础设施特征的分析。从城市整体性分析方面来看,韩洋(2014)从城市内涝的影响因素出发,分析了管理、设计、实施等方面对排水规划的影响和作用。李光晖(2017)以城市绿化改造和管网建设优化指标评价为切入点,分析研究了可持续发展的雨洪管理方法。王静(2012),张楚(2016)基于 SWMM 模型对山地城市在规划建设中的地表径流控制方面进行了研究。范玉燕等(2018)基于 1D/2D 维耦合水动力模型对城市海绵小区建设整体效果进行评估研究。王玉等(2014)基于水动力耦合模型进行了平原地区排涝规划研究。对某类基础设施的影响和分析方面

< 009 >

的研究主要有：Yin(2016)分析了道路在城市雨洪过程当中的作用和影响；侯改娟(2014)研究了绿色建筑在小区为单位的海绵城市建设中的作用和影响；董欣等(2008)分析了城市屋面及路面的径流特征；徐慧珺(2017)应用 SWMM 模型分析了不同暴雨重现期下，南京某区域的排水设施工作状态，用于支撑城市排水管网的建设和规划。

在对建模和模拟方法的研究和分析方面：史蓉等(2014)、官奕宏等(2016)、熊剑智等(2016)研究了 SWMM 模型的参数灵敏度，分析了不同参数的变化对模型模拟结果的影响；Yang 等(2018)从模型输入数据的角度，分析了不同数据概化情况下的模拟情景对 SWMM 模型模拟结果的影响；Chang 等(2015)分析了二维和一维模型不同耦合模拟情景对模型模拟结果的影响，包括纯二维动力模型、耦合下渗作用、一维管网模型输出到二维动力模型的耦合以及双动态向耦合等这几类不同耦合情景。此外，城市水文及水动力模型的不确定性问题一直是城市雨洪的研究热点和前沿，众多学者从输入数据的不确定性、模型结构的不确定性及参数的不确定性等多方面展开了城市雨洪过程的不确定性研究，用于提升模型模拟结果的意义(Chang 等，2007；Moel 等，2011；Qi 等，2011)。

综上所述，基于城市雨洪过程模型模拟结果的研究和分析，在灾害风险评价及应对措施、城市基础设施建设及管理规划、以及对模型本身建模和模拟方法的研究和分析有着丰富的研究成果。但是，目前还缺少基于要素的城市雨洪过程影响分析研究，如：分析城市环境中不同要素对城市雨洪过程关键特征的影响、关键要素的时空过程特征分析。

1.2.4 研究现状总结

现有的基于模型封装式的模拟软件及第三方空间离散软件在模型输入数据预处理及物理参数配置方面取得了一定的研究进展。基于模型封装式的模拟软件和独立的空间离散工具很好地提升了水文模型在面对不同环境下的模型模拟数据适配和空间离散的便捷性，提升了模型的普适性内涵和综合应用能力。在面向自然流域建模及模拟的模型数据适配方面，不少学者提出了对象化、自动化、紧耦合的模型输入数据适配方法，该类方法通过程序化方法建立统一描述和解析的数据模型，将第三方输入数据自动化地解析并转换成为模型计算程序所能识别的离散网格格式，使得模型输入数据与水文/水动力模型计算程序更好地融为一体，减少了模型输入数据配置的步骤和复杂度。但是，在面对多要素影响和作用下的城市环境中，现有的模型输入数据适配方法和程序化工具仍然需要大量的人工数据预处理工作，尤其是在充分考虑城市水文要素异质性特征的建模与模拟中，目前还没有学者研究基于要素的城市雨洪过程建模及模拟耦合模型的数据适配与空间离散方法。另一方面，现有的面向城市雨洪过程的空间离散方法往往需要多种技术手段

< 010 >

配合完成,难以自动地支持空间异质性环境下的城市空间离散的要求。总体来看,亟须一种新的数据适配与空间离散方法,更好地在数据适配和空间离散阶段考虑要素的异质性特征,以及面向耦合模型的基于数据适配和空间离散的一体化解决方案,提升数据及空间离散工作的自动化处理能力。

从模型建模及模拟方面来看,为了提高城市洪涝灾害的管理和应对能力,城市水文学研究也在不断地发展。国内外研究者们基于不同的建模理论和方法,建立了大量的不同类型及用途的城市水文模型,这些模型很好地支撑了城市水文学的研究和应用,如城市排水管网规划、城市雨洪模拟、海绵城市规划设计等方面。基于地表水文/水动力模型与地下排水管网的耦合模拟,是近年来的研究热点,也更真实地反映城市雨洪过程的时空演化情况。近年来,国外学者在考虑城市空间异质性的耦合模拟方面有一些探索性研究,其研究成果中,有诸多不同的模型和研究案例,这些模拟研究案例对空间异质性特征有着不同程度的考虑。但目前来说,还没有基于非结构三角形网格的开源二维水动力模型与地下排水管网模型从水流交换机理上实现双向同步耦合的研究案例,基于非结构三角形网格的空间离散方法能更好地支撑对城市空间异质性特征的考虑。此外,在国内的研究中还没有在完全耦合地下排水管线模型基础上的考虑城市空间主要水文要素及其异质性特征的典型研究案例。

从基于模型模拟结果的分析来看,现有的研究和分析案例主要还是从整体上去考虑城市雨洪过程及其影响。如城市洪涝的淹没范围和淹没水深在空间上的分布、可能造成的灾害及损失、对人们生产生活的影响等。基于模型模拟结果的分析,往往从整体上指导城市建设规划。在对模型建模及模拟方面的影响方面,主要是从参数敏感性分析、不确定性分析以及不同耦合方案对模型的影响。但在目前的研究案例中,受数据适配及模型模拟能力的影响,还难以支持更为详细的综合性定量分析,如不同要素对城市地表径流量及积水分布的影响、关键要素的时空过程特征分析等。

1.3 研究目标与研究内容

1.3.1 研究目标

针对城市环境的空间异质性特征严重影响和制约着城市雨洪过程建模及模拟的客观现实。本书以城市雨洪过程建模及模拟所必需的输入数据适配及空间离散、考虑主要要素作用的耦合模拟为切入点,探索提升城市雨洪过程建模及模拟工作中对城市空间异质性特征的处理和应对能力。具体研究目标包括研究提出适用于异质性视角下,面向耦合模型的输入数据适配及空间离散方法,提升顾及要素异

< 011 >

质性的输入数据适配及空间离散能力。从建模层面研究多要素耦合模拟方法,建立考虑城市主要基础设施对雨洪过程影响和作用机制的耦合模拟模型。此外,结合空间离散及建模方面的研究成果,以反映城市雨洪过程主要问题的地表径流量、积水范围分布、节点入流与溢流时空特征为切入点,研究基于要素的城市雨洪过程定量分析方法。

1.3.2 研究内容

本书包括以下三个方面的研究内容:

(1) 基于要素的耦合模型数据适配及空间离散方法

分析城市环境中影响城市水文要素的空间异质性特征,研究面向空间离散及耦合模拟的数据预处理方法,以及基于数据适配程序的空间离散方法。研究以程序化方法为技术支撑,建立一种面向耦合模型的,以提高数据预处理效率和空间离散能力为目标,自动化处理为原则的数据适配模型及基于该模型构建的数据预处理和空间离散方法。

(2) 城市地表与地下管网水流过程双向同步耦合方法

顾及要素异质性的城市雨洪过程所涉及的主要水流情景包括:复杂环境下水流在不同类型地表的径流过程模拟、建筑物的截流作用、道路凹陷导致的汇水效应、水流在可渗透地面的下渗过程、水流在地下排水管网中的运动特征。这些水流过程主要基于适用于不同水流运动情景的二维浅水方程和一维管网模型进行模拟;由于非结构三角形网格在顾及要素异质性的空间离散中的诸多优点,基于非结构三角形网格的二维动力学过程模型是必需的支撑条件。主要的耦合过程包括建筑物屋顶雨水汇流过程、地表水流与地下管网排水设施入流和出流的复杂水流交换过程等。本研究在现有的开源模型基础上,基于模型耦合模拟的思路,研究基于非结构三角形网格的二维水动力模型与管网排水模型的双向同步耦合方法,以实现城市地表水流过程与管网水流过程的双向同步耦合。

(3) 基于要素的城市雨洪过程情景分析和时空特征研究

从揭示和分析不同要素对城市雨洪过程影响和作用机制的实际需求出发,以刻画城市雨洪过程的关键特征和原因揭示分析为基础需求,设计基于要素的城市雨洪过程定量分析方法。具体设计的分析研究内容包括:基于情景分析法分析研究不同要素对城市雨洪地表径流及积水的影响和作用机制、基于 EOF 分析法分析排水管网节点入流及溢流时空变化特征。

其中,研究内容(1)是整个雨洪过程建模及模拟研究的技术基础,为建模及模拟提供输入数据支撑方面的工作;研究内容(2)基于研究内容(1)的数据适配及空间离散方法,建立支撑多要素耦合模拟的城市雨洪过程耦合模拟模型,是空间异质性视角下雨洪过程建模及模拟研究的必要工作;研究内容(3)结合研究内容(1)和

< 012 >

（2）的研究成果,研究城市地理要素对雨洪过程的影响分析和时空特征分析方法。

1.4 研究方法与技术路线

1.4.1 研究方法

本书从城市空间异质性的研究角度出发,探讨顾及要素异质性的城市环境中雨洪过程建模及模拟方法。本书的研究主要采用如下的方法:

（1）文献引证法

收集了大量国内外关于城市雨洪过程建模及模拟的相关理论、方法和技术体系方面的文献资料,剖析了海绵城市、水敏性城市等相关理念指导下的城市基础设施工程建设和应用实践案例,并对相关理论和实践案例进行整理和归纳,分析其不足之处,总结其中可支持本研究科学问题的内容,为论证过程提供理论依据和研究论点。

（2）系统分析归纳法

系统分析归纳法强调研究过程的完整性、系统性,需要将研究对象、相关理论、存在问题等多方面内容通过科学的分析进行系统梳理和分析。系统分析所得的理论认识需要归纳法进行总结,将各种不同的观点和结论统筹到一起,归纳总结,探索问题的解决思路。系统分析归纳法是支持本研究的出发点和落脚点的基本分析方法。

（3）多学科交叉的融贯研究

本书研究的问题涉及多个学科领域知识的综合运用,研究以融贯的视角,将科学哲学、理论地理学、城市水文学、地理信息科学等多方面的知识综合起来。从已有的相关理论中寻找解决空间异质性视角下的城市雨洪过程建模及模拟的支点,并及时系统化分析总结,探讨面向雨洪过程的建模及模拟研究方法。

（4）对比分析法与实验验证法

对比分析法是通过某种标准,将存在一定关联的事物进行比照,以发现其区别。通过对不同水文要素的考虑情景进行对比分析,客观认识不同要素对城市雨洪过程及模型模拟结果的影响。实验验证法是针对实际需求和研究目的,结合实际研究区域和案例,分析本研究的意义和价值,指出其中不足,为提出前瞻性问题服务。

1.4.2 技术路线

基于研究目标、研究内容,结合研究方法,本书拟采用的技术路线如图 1.1 所示。

< 013 >

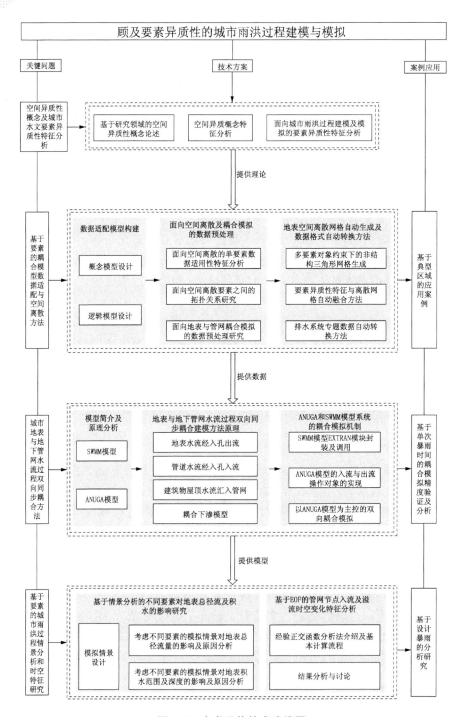

图 1.1　本书总体技术路线图

< 014 >

1.5　组织架构

本书共分为六章,各个章节的主要内容安排如下:

第一章:绪论。本章重点阐述了顾及要素异质性建模及模拟的必要性和重要性,分析和总结了当前的研究现状,明确了选题背景及研究意义,对本书的研究思路、研究目标、研究内容、技术路线进行了介绍。

第二章:理论基础及城市水文要素异质性特征分析。本章首先基于不同的研究领域对空间异质性的定义和理解,从帮助理解的角度,对空间异质性概念进行了简单的论述,在此基础上对空间异质性概念进行了特征分析。并基于空间异质性概念内涵的理解为指导,分析了面向城市雨洪过程建模及模拟的要素异质性特征,为本书的研究工作奠定了理论基础。

第三章:基于要素的耦合模型数据适配与空间离散方法。首先介绍了该方法的整体框架,从整体上描述了方法的设计思路和实现流程;其次,基于概念模型设计和逻辑模型设计研究了数据适配模型;再次,介绍了面向空间离散及耦合模拟的数据预处理以及面向模型的地表空间离散网格自动生成及数据格式自动转换方法;最后基于三个典型城市区域进行了应用案例研究,研究结果表明基于本章提出的数据适配与空间离散方法能适应不同情景和复杂度的建模及模拟的需求,是支撑基于耦合模型的建模及情景模拟工作的必要内容。

第四章:城市地表与地下管网水流过程双向同步耦合方法研究。本章首先介绍了用于耦合建模的两个模型 ANUGA 和 SWMM 模型的基本背景和计算原理;然后介绍了地表与管网水流双向同步耦合建模方法原理,从数理方法层面阐述了水流耦合原理。本章的第三节介绍了 ANUGA 模型和 SWMM 模型系统的耦合模拟机制,从模型系统层面提出了两个模型之间的耦合方法。最后基于典型区域进行了应用案例的研究,对本章提出的耦合模型进行了精度验证和对比分析;并对模拟结果进行了分析和讨论,初步证明了本章提出的耦合模型对于异质性环境下的城市雨洪过程模拟分析方面的能力和优势。

第五章,基于要素的城市雨洪过程情景分析和时空特征研究。本章首先介绍了所用到的分析方法的理论基础及实验设计,基于百年一遇的设计暴雨和城市典型区域,展开了本章的分析研究内容。运用情景分析方法分析了不同要素对城市地表总径流量、淹没水深及淹没范围的影响;运用经验正交函数分析法,分析了管网节点入流与溢流量的时空变化特征。本章研究内容和分析结果,进一步证明了文章基于要素异质性建模及模拟在支持地理分析方面的能力,为分析城市雨洪过程及其影响提供了借鉴意义。

第六章,结论与展望。本章对全书进行系统的总结,归纳研究内容和创新点,指出本书研究中存在的不足,并对后续研究工作进行展望。

< 015 >

第2章

理论基础及城市水文要素异质性特征分析

2.1 城市水文学基础理论

　　水文学是地球物理科学的一个分支,主要研究地球系统中水的存在、分布、运动和循环变化的规律,水的物理、化学性质,以及水圈与大气圈、岩石圈和生物圈的相互关系。水文学作为水利学科的重要组成部分,主要研究水资源的形成机制、时空分布规律、开发利用和保护措施,水旱灾的形成、预测预报、防治,以及水利工程和其他工程的设计、规划、实施、管理中的水文水利计算技术(沈冰等,2008;芮孝芳等,2015)。水文学中所涉及相关的一些重要概念包括:水循环、降水、下渗、地表径流等。水循环是指自然界的水在太阳能和大气运动的驱动下,不断地从水面、陆面和植物的茎叶面,通过蒸发或散发进入大气圈,在适当的条件下,大气的水汽以降水的形式降落而回到地球表面,到达地球表面的水一部分渗入地下,一部分则形成地表径流汇入江、河、湖、海,还有一部分则通过蒸发和散发重新逸散到大气圈。渗入地下的那一部分水,或成为土壤水,再经蒸散发逸散到大气圈中,或者以地下水形式排入江、河、湖、海。这种永无休止的循环运动过程称为水循环(芮孝芳等,2015)。降水是指大气中的液态或固态水,在重力作用下,克服空气阻力,从空中降落到地面的现象。水分透过土壤层面(例如地面)沿垂直和水平方向渗入土壤中的现象称为下渗,以垂向运动为主要特征。地表径流是指大气降水落到地面后,沿着斜坡而下形成的不同厚度的水流(范世香等,2008;芮孝芳等,2015)。

　　水量平衡原理是水文系统(地球系统、一个流域或一个小区域)中发生的水文循环的具体体现,是水文循环得以存在和支撑的重要条件,也是水文和水动建模及模拟的基本准则。以流域水量平衡为例,流域水量平衡方程的定量化表达式如式(2-1)所示:

$$P + R_{gI} = E + R_{sO} + R_{gO} + q + \Delta W \tag{2-1}$$

　　式中:P 为时段内流域上的降水量;R_{gI} 为时段内从地下流入流域的水量;E 为时段内流域的蒸发量;R_{sO} 为时段内从地面流出流域的水量;R_{gO} 为时段内从地下流

< 016 >

出流域的水量;q 为时段内用水量;ΔW 为时段内流域蓄水量的变化。时段内进入系统的水量为"流入"的水量,从系统中流出的水量为出流量,实际上就是系统的水量入流和出流的平衡关系式(芮孝芳等,2015)。

城市水文学是水文学的一门新兴分支学科,它着重研究城市及周围地区的水循环、水的运动变化规律以及水与城市人的相互关系(周乃晟,1995)。城市水文学的主要研究内容包括:城市气候、城市地区的雨洪径流、城市水文资料的收集与测验设备、城市设计暴雨、城市雨洪径流计算方法、城市径流的水质分析、城市排水管理与供水管理等。城市水文学发展早期重点关注城市供排水工程设计等水文计算问题,是支撑城市水管理和工程应用的重要学科。近年来,随着全球城市化进程的不断发展,城市水文过程演化及其伴生效应日益凸显,并影响和改变着人们的生产生活,使得对城市水循环机理的需求发生了重大的变化。目前城市水文学的两大重要发展方向是:城市化的水文过程及其伴生效应识别与描述;城市水文过程机理解析与模拟计算(刘家宏等,2014)。

水文模型是城市水文过程机理解析与模拟计算的基本方法。城市水文模型是水文学研究中一个重要的分支,是认识复杂环境下的城市水文过程及机理的有效手段(徐金涛,2011;张建云,2012;殷剑敏,2013;王浩等,2015;秦语涵等,2016)。城市水文模型是把城市水文系统作为研究对象,根据降雨和水流的运动规律建立数学模型,用于对城市环境中的水文过程及其影响进行识别与描述。与本研究关系密切的城市水文过程机理解析与模拟研究方面,降水-产汇流过程模拟研究比较系统。模型在考虑人工排水设施基础上,已建立了包括城市屋面、硬化地面、城市绿地等复杂城市下垫面的降水-蒸发-径流定量模拟模型(宋建军等,2006;金鑫等,2006;刘家宏,2015)。城市水文模型的主要用途包括:城市雨洪模拟、排水设施管理、水质污染模拟、城市规划等(董欣,2006;马海波,2013)。根据建模基础理论不同主要有概念性水文模型和数学物理水力模型两类(朱冬冬等,2011)。概念性水文模型,是根据水量平衡原理,利用参数化模型计算降雨经过截蓄入渗、地面径流和管道汇流等城市环境中各环节的水流运动量。数学物理水力模型,是依据物理学质量、动量与能量守恒定律以及产汇流过程物理特性,推导出描述地表径流、管道汇流过程的方程组,根据不同的网格剖分及方程离散方法,对方程进行求解,模拟或预报水流的运动过程(胡和平等,2007;高雁等,2008;詹道江等,2010;李传奇等,2010)。其中常用于城市雨洪过程的两大物理水力模型为一维圣维南方程和二维浅水方程。一维圣维南方程主要用于河道水流、管网水流的演算,二维浅水方程则主要用于不同情景的地表水流运动过程的演算。

2.2 空间异质性理论基础

学科基础理论的发展程度直接影响着学科发展水平的高度(北海,1990;孙俊

< 017 >

等,2012),加强地理学基础理论研究也是地理学在学科交叉的大趋势中确立学科地位的唯一途径(Matthews 等,2004;刘云刚等,2018)。目前对理论地理学的理解较为有代表性的包括:追求总体规律为核心导向的理论地理学和以理论物理学为模式的理论地理学。如牛文元(1988)认为,理论地理学是研究各种地理现象和过程在统一基础上所遵循的总体规律的学科,它以地球系统中的物质、能量和信息的行为和运动为脉络,抽象地理学中的普遍性规律,进而探讨学科的哲学内涵和方法论;王铮等(2015)对理论地理学的理解中,为了避免陷入哲学层次,放弃了对总体规律的追求,接受理论物理学的模式,强调理论地理学是对各分支领域的现象和机理的认识。总体来看,整体规律的追求、现象和机理的认识是理论地理学研究的核心内容。由于地理学基础理论的复杂性,本章后续部分的探讨和论述仅从理解空间异质性概念的角度出发,且本研究也没有将空间异质性概念和异质性概念进行严格区分讨论。

空间异质性是地理学理论研究中的重要概念之一,不少学者认为空间异质性是地理学两大基本定律之一,足见其在地理学中的重要性。在国内研究方面,较具有代表性的定义和论述有:傅伯杰(2014)认为自然环境和人类活动特征均表现为空间异质性,研究这些异质性环境下的区域地理过程和效应是地理学研究的前沿;宋长青(2016)认为地理经验科学研究范式的内在假设是地理空间绝对的差异性,这是地理分异的基础,也是地理学科存在的必要条件。王铮等(2010)从综合地理学的角度认为空间(地域)分异是由于地理过程的作用,可以识别为具有不同景观结构和地理性质的单元或区域,如:山地范围内沿海拔变化受气候分异的影响,依次出现不同的植被、土壤和人口分布等;流域受地貌分异的影响,其坡面系统、生态系统、土壤系统在不同区域有不同的性质和特征。国外学者较为有代表性的是将空间异质性内涵理解为空间的隔离造成了地物之间的差异,即空间异质性(Spatial heterogeneity),空间异质性是地理相互作用的首要影响因素,分为空间局域异质性(Spatial local heterogeneity)和空间分层异质性(Spatial stratified heterogeneity);前者是指该点属性值与周围不同,例如温度的不同、某种物质的含量不同,后者是指多个区域之间互相不同,例如分类、生态分区的不同(Goodchild 等,1987,2003;Goodchild, 2004;Longley 等,2015)。

迄今为止,对空间异质性的定义和理解还比较模糊,相对完整和清晰的定义和具体的理解应用往往局限于地理学的某个特定研究领域中。因此,本章首先从不同研究领域出发,分析和总结地理学者从不同的研究领域对空间异质性概念的理解和应用方式;在此基础之上,对现有的关于空间异质性概念的内涵和特征进行分析;然后进一步明确面向城市雨洪过程建模及模拟的要素异质性特征。

2.3　基于研究领域的空间异质性概念论述

空间异质性概念出现在众多的地理学研究领域,在不同研究领域对空间异质

< 018 >

性概念的定义和应用中,最为常见的来自生态研究领域,空间异质性是生态研究领域的一个重要科学问题和研究的切入点。在生态研究领域,空间异质性是指生态过程和格局在空间分布上的不均匀性及其复杂性(Li 等,1995)。具体地讲,空间异质性一般可以理解为是空间缀块性(Patchness)和梯度(Gradient)的总和。Valiela(1995)指出,空间缀块性主要是指地理要素分布的不连续性,呈现明显的区块、聚集、隔离等现象和效应。缀块之间是相互异质的,但缀块的边界有可能是清晰的,有可能是模糊的。现代地理学理论中的地理梯度(林光旭,2010),是指在地理空间中(包括自然、经济和社会三大范畴)引起能量、物质或信息的行为和运动过程演化所存在的不均一性;高文强(2017)将地理梯度理解为地理空间在经度、纬度和海拔高度方面的变化。Li 等(1995),龚建周等(2009)将空间异质性定义为生态系统在空间上的复杂性或变异性,并且还强调,这种复杂性和变异性表现在生态功能和生态过程两方面;Forman(1987)认为空间异质性是限制和干扰生态过程传播的主要因素,并在生物系统的多样性和动态变化性方面起着主要的影响作用。生态研究领域的空间异质性示例如图 2.1 所示,其中安徽省植被指数图来源于地理国情监测平台(http://www.dsac.cn/)。图 2.1(a)反映了安徽省植被指数的异质性,不同的区域具有不同的植被指数值。图 2.1(b)反映了森林资源分布的异质性,不同的区域森林所具备的郁闭度指数不同。

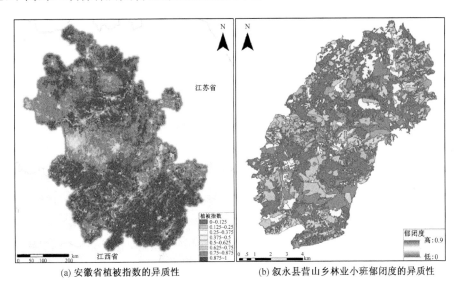

(a) 安徽省植被指数的异质性　　　　(b) 叙永县营山乡林业小班郁闭度的异质性

图 2.1　生态领域的空间异质性示例

除了生态研究领域外,地理学的其他研究领域也广泛涉及对空间异质性的理解,以及运用空间异质性概念本身来支持和表达其相关研究内容或研究的切入点,如土壤学、土地利用、城市计算、水文学等方面。土壤学研究领域中,空间异质性概

< 019 >

念也被广泛地使用。土壤学研究中的空间异质性主要从土壤学研究的某个方面来
展开的,如土壤水分含量(苏子龙,2013)、土壤养分(白军红,2001;高丽楠,2017)、
土壤盐分(赵振勇,2007)、土壤微生物(李明辉,2005)、土壤性状等的空间异质性
(张娜,2012)、土壤水文作用(肖洪浪等,2007)等土壤某方面的物理或化学特性在
空间尺度上分布的不均匀性或空间变异性。在土壤学领域,基于空间异质性的研
究方法有利于揭示土壤的理化特性及与其他地理过程的相互作用引起的演化机
制。土壤研究领域的空间异质性示例如图 2.2 所示,其中山西省土壤水力侵蚀图
来源于地理国情监测平台(http://www.dsac.cn/)。图 2.2(a)反映了山西省土壤
水力侵蚀的异质性,不同的土壤范围受水力侵蚀的程度不同。图 2.2(b)以东坡区
王桥村土壤有效磷含量为例,反映了不同区域土壤养分含量的不同。

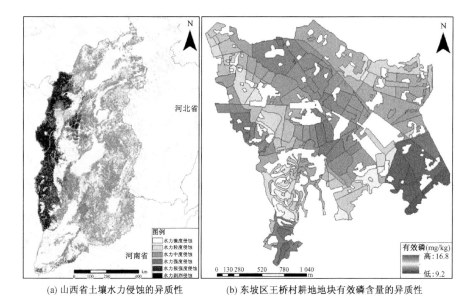

(a) 山西省土壤水力侵蚀的异质性　　　　(b) 东坡区王桥村耕地地块有效磷含量的异质性

图 2.2　土壤领域的空间异质性示例

土地利用研究领域往往将不同的土地利用类型或地表覆盖定义为空间异质
性,如将耕地、草地、建设用地等称为土地利用类型的空间异质性(Zhou 等,
2014)。Gong 等(2009)对比了 1990 年到 2005 年的广州市土地利用变化数据,将
城市化进程引起土地利用变化的碎片效应的地表景观称为空间异质性,并以此为
切入点进一步揭示了城市的扩张规律。Qiu 等(2014)等基于空间变异函数模型分
析了地表景观的空间异质性特征,也将不同的地表覆盖类型称之为空间异质性。
Wang 等(2017)基于景观格局指数和变异函数分析研究汶川地震对地表覆盖状态
的改变,其结果表明汶川地震大大增加了地震灾区的地表覆盖的空间异质性,主要
体现在汶川地震增加了该地区植被覆盖范围的破碎度。土地利用研究领域的空间

< 020 >

异质性示例如图 2.3 所示。其中图 2.3(a)反映了汶川县某区域地表植被覆盖的不均匀性,采集时间为汶川地震后期,也在一定程度上反映了汶川地震对地表覆盖影响的异质性。图 2.3(b)反映了某村土地利用现状的异质性,不同的土地被利用和开发方式不同。

(a) 汶川县某区域地表植被覆盖的异质性   (b) 东坡区王桥村土地利用现状的异质性

图 2.3　土地利用类型的空间异质性示例

近年来,随着数据获取手段和分析方法的发展,以大数据研究方法为基础的城市计算研究领域,强调以城市人口系统、人类活动系统、城市建成环境系统、城市运行系统四大方面的空间分异格局为分析和研究的切入点,用于揭示以人类活动为主导因素的地理现象的分布、相互作用及演化过程(Jiang,2015;刘瑜等,2018),例如:龙莹(2010)研究了 GDP、租赁价格、居民可支配收入、土地价格等因素的空间异质性特征对不同区域房地产价格的影响。另一方面,城市计算从不同侧面揭示城市空间分异格局是刻画城市空间功能结构的重要方法,而空间功能本身就是呈现不均匀性特征(Liu 等,2015),例如:居住用地价格的不均匀分布(李虹,2018)、人口流动的不均匀分布(Muchnik 等,2013)、公共交通运行状况的不均匀性(Durango-Cohen 等,2007)等。人口分布及交通流量的空间异质性示例如图 2.4所示,其中四川省人口密度图来源于地理国情监测平台(http://www.dsac.cn/),北京道路交通流量数据来源于百度地图实时路况(http://map.baidu.com/fwmap/zt/traffic/)。图 2.4(a)反映了四川省人口密度分布的异质性,不同的人口分布对揭示不同的社会因素有重要的支撑作用。图 2.4(b)反映的是北京市交通流量的异质性,在同一时刻,不同道路的交通拥堵度有所不同,交通流量的异质性是揭示和分析交通拥堵原因的重要切入点。

< 021 >

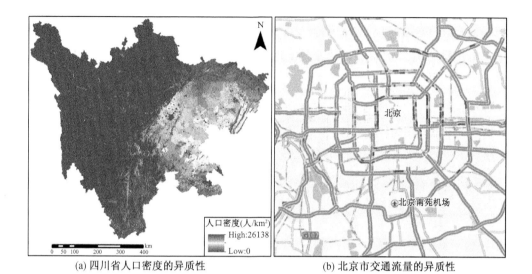

(a) 四川省人口密度的异质性　　　　　　(b) 北京市交通流量的异质性

图 2.4　人口密度分布及交通流量的异质性示例

水文学研究领域也经常使用空间异质性概念,在流域范围内水文学领域对空间异质性的理解主要表现为不同的地表覆盖类型、土壤类型及水利工程设施对地表径流过程、下渗过程及汇流过程所带来的不同作用机制和影响(刘青娥等,2002;McDonnell 等,2007;Xiao 等, 2011;Easton 等, 2013;Nijzink 等, 2015)。近年来,随着城市水文/水动力研究能力的不断提高,对于城市空间异质性特征对水流过程影响的研究也不断深入。Leandro 等(2016)及许晓莹等(2016)的研究中认为城市环境的空间异质性不但包括了流域水文研究所包括的基本异质性因素,如地形、土地覆盖等自然地理要素及其空间异质性特征,还应考虑由人类对自然环境改造活动所建设的人工基础设施,如道路、建筑物及各类排水设施对城市水流过程的影响,是一种综合自然因子及人类活动特征的异质性环境。影响水文过程的空间异质性示例如图 2.5 所示,其中黑河流域土地覆盖类型数据来源于黑河计划数据管理中心(http://westdc. westgis. ac. cn)(冉有华等,2009)。图 2.5(a)反映的是黑河流域土地覆盖类型的异质性,土地覆盖类型严重影响着水流的下渗效率、下渗量、地表水流的流速等水流物理过程,是流域水文建模及模拟所必须考虑的影响因子。图 2.5(b)、2.5(c)展示了城市环境中影响水流过程的部分要素,水流的物理运动规律受不同要素的影响和作用机制是复杂且不同的。

除以上几大研究领域之外,大气、海洋、宏观经济结构、风险灾害、公共卫生、空间数据库等地学其他领域同样涉及空间异质性概念,主要是利用空间异质性概念表达大气指数、降水、海洋环境及动力过程、陆面过程、宏观经济结构等在空间上的分异性和不均匀的特性(Giorgi 等, 1997;Umakhanthan 等,2002;Hartman 等,2018;Su

< 022 >

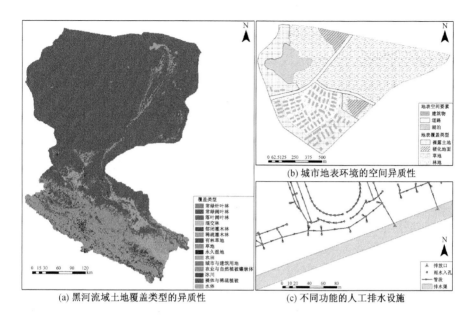

(a) 黑河流域土地覆盖类型的异质性 (c) 不同功能的人工排水设施

图 2.5　影响水文过程的空间异质性示例

等,1999);并以不均匀性特征为切入点,分析其分异诱因及分异规律,为解决地理问题采取特定的措施和建议,如:李炫榆等(2015)所提出的空间异质性视角下中国差异化碳减排路径研究;孙久文等(2014)基于空间异质性的经济区域化差异的研究;Hu 等(2011)基于空间分异情况,分析地震灾害中不同的异质性因素对人员伤亡情况的影响等;Huang 等(2014)从空间分层异质性的角度探讨各类的影响因素对手足口病的影响权重;崔登吉(2016)研究了顾及空间异质性的空间数据组织方法。

从定义空间异质性和不同领域对空间异质性概念的理解及应用来看,空间异质性既包括具有描述地理现象或过程本身复杂性和分异性的内涵。其中,自然环境空间分异性往往是由空间隔离造成的,但与人类活动的空间异质性往往是由与人类活动有关的其他因素(经济、政治、生活行为等)造成的;空间异质性概念也被用于表达地理环境及其组成要素的复杂性和多态性,以及由此环境引发的地理现象和地理过程的复杂性和多态性。

2.4　空间异质概念的基本特征分析

为了更好地认识和理解空间异质性概念,本节从空间异质性概念的应用过程随时间的演变特征,以及空间异质性概念在不同研究领域的应用特征两方面对空间异质性基本特征进行阐述和分析。

< 023 >

2.4.1　空间异质性概念随时间的演变特征

从空间异质性概念的应用过程随时间的演变进程来看,在 20 世纪八九十年代及之前广泛出现的生态及土壤等研究领域的案例中,普遍涉及较大的研究范围,如对土壤类型的异质性研究、生态保护区的异质性研究等,往往涉及数十、数百 km²,甚至更大的研究范围。而近年来,对空间异质性的理解和应用逐渐向较小的研究区域发展,随着向小尺度的发展,空间异质性概念所适用的研究范围也变得更为广泛。以水文过程异质性研究为例,整体上也是由大尺度、中等尺度的流域范围到较小尺度研究范围的城市研究区域,甚至精细尺度如街道级的城市洪水淹没研究等。基于空间异质性的研究由相对具有连续变化特征的生态、土壤等自然环境领域,发展到广泛涉及人工地理要素的异质性,如将邻接的建筑物、绿地、道路等地表覆盖类型的不同理解为空间异质性。驱动空间异质性研究尺度由大到小、由自然环境到人工地理要素这一现象的原因主要有两方面,一是用于支持空间异质性分析的空间数据对异质性的表达能力,如近年来,对地理空间数据的采集、存储和处理能力的提高,使得在研究过程中具有了更好地对这类空间异质性存储和表达能力;另一方面,计算机运算处理能力和数理统计分析方法的提高,使得计算资源和分析能力满足了异质性问题的计算和分析需要。

总体来看,随着对现实世界存储表达和分析计算能力的提升,空间异质性的研究尺度呈现出由大到小的趋势,研究领域呈现出由自然环境到人工地理要素及人类活动的发展趋势。

2.4.2　空间异质性概念在不同研究领域中的特征

地理问题往往由人类活动或自然环境动态变化引起的地理环境的差异化、不平衡性、环境因素异变等所导致,所以,空间异质性是许多领域地理问题研究的切入点。空间异质性概念较早且较为广泛地出现在生态学和土壤学等在一定时空尺度上其空间分布具有相对连续性特征的领域,在此类研究领域空间异质性(包括分异性、差异性、隔离效应、缀块性等)特征往往是引起有关地理问题的重要原因,如土壤特征的异质性引起的农作物产量的不同、植被覆盖的破碎度是水土流失的重要原因等。这些研究内容对发现和解决生态和土壤演化过程中的时空变化规律有着重要的揭示作用,是解决生态和自然环境变化问题的关键。近年来,空间异质性这一概念又越来越多地应用于地理学的其他领域的研究当中,也从揭示地理现象或地理过程时空演化规律的异质性研究,拓展到用于支撑研究的出发点和目标。该类研究主要用于人类活动剧烈或人工地理要素复杂的环境中,侧重于表达由自然地理要素和人工地理要素所引起的地理环境的空间异质性对某类地理过程和现象的影响的不均一性、复杂性以及相互作用的系统性。并且其他的理论和方法已

< 024 >

经难以支撑去表达对此类不均一性、复杂性以及相互作用的系统性地理问题的研究,需要结合和运用空间异质性概念去建立新的研究方法和体系,而这一过程也是促使空间异质性理论本身发展的重要因素。

从不同领域对空间异质性概念的运用来看,既把空间异质性特征作为研究地理问题的切入点,也从理论和方法的层面,运用空间异质性概念来支撑地理学研究者解决具有综合性、复杂性和系统性的地理问题。

总体来看,在不同研究领域对空间异质性概念使用的过程中,空间异质性概念具备以下三个明显的特征:1. 研究领域特征明显,在实际研究过程中,空间异质性理论往往在与某个具体的研究领域或这个研究领域之下的某种特定的地理现象或地理过程相结合,才能具有明确的意义和研究的边界条件,如生态领域中某种植被类型的分布,土壤的养分特征的异质性对农作物种植带来的不同影响,不同的下垫面对水流下渗和地表径流运动过程的影响和作用机制等。2. 空间异质性的尺度效应,空间异质性与地理研究尺度有着重要的关系,研究的尺度越小,空间异质性表现越为明显,需要考虑研究区域空间异质性特征的详尽程度就越高。如研究流域的水文过程往往以土地利用类型作为下垫面的输入参数,而城市内部的水流运动则需要考虑水文过程作用要素的不同性质和几何状态,如道路、建筑物、人工排水设施等。3. 基于空间异质性的研究有助于提升地理综合分析能力的特征,地理综合分析侧重于分析地理问题产生的诱因、分析地理环境中不同要素对整体过程的作用机制和要素之间相互作用,这与空间异质性概念所包含的分层/分区异质性研究、要素特征差异化考虑的内涵是相符的。

2.5 面向城市雨洪过程建模及模拟的要素异质性特征

城市的空间异质性特征表现在地理空间环境本身的异质性,以及在此异质性空间环境中产生的地理现象和地理对象时空演化过程的异质性,是近年来空间异质性概念被诸多学者所应用的新研究领域。城市雨洪过程是城市范围内十分常见且重点关注的地理现象和地理过程,由其引发的灾害效应所带来的生命财产损失一直是灾害和城市研究重点关注的内容。空间异质性的尺度效应对水文过程的建模及模拟有着重要的影响,如影响对输入数据比例尺和属性完备性的需求、影响模型模拟结果的精确性、影响模型计算时间和对计算机资源的依赖性等。随着对地理空间要素的描述和表达能力的发展以及用于模型计算的硬件资源的存储计算能力的提升,使得以单个要素作为城市雨洪过程建模及模拟的基本尺度成为可能。要素是构成城市空间环境的基本单元,影响城市雨洪过程的地理要素种类和数量多,单个要素对城市雨洪过程有着不同的作用和影响机制,基于单个要素尺度的城市雨洪过程建模与模拟研究是本书研究的基本尺度,其内涵是将每个要素对象作

< 025 >

为最基本的研究对象。地理要素是城市水文过程发生和对人类产生影响的基本承载体,也是影响城市雨洪过程的最基本的对象。从常规 GIS 基础数据管理的角度,要素是矢量数据存储和组织的最基本单元,用于描述要素异质性特征的空间数据和属性也是以矢量数据的一条记录的形式存储的,因此,从技术层面来说,也有利于基于要素的城市雨洪过程建模及模拟研究的展开。图 2.6(a)、图 2.6(b)反映了地表水流强度和淹没范围的空间异质性,主要体现在水流强度的不均匀性和淹没范围的不规则性、动态性。

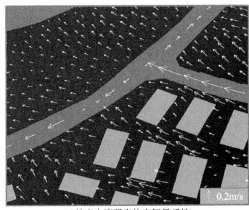

(a) 地表水流强度的空间异质性   (b) 淹没范围的空间异质性

图 2.6　城市水流过程的空间异质性示例

在单个要素异质性视角下,影响城市雨洪过程的要素类型主要可分为基础地理数据和相关要素及排水系统专题数据。其中属于基础地理数据的要素类型主要包括地形、土地覆盖类型、土壤类型、池塘湖泊、道路网络、不规则分布的建筑物、隧道等;城市排水专题数据主要包括明渠、地下排水管线、节点(检查井、雨水井、入孔、排水出口)、泵、堰、调蓄池等。城市空间水文要素及空间异质性特征对雨洪过程影响和作用方式主要包括:不同的土壤质地对地表径流下渗效率的影响,不同的地表覆盖类型对地表水流运动底摩擦力的影响,建筑物对地表水流所产生的阻碍和吸收作用,建筑物屋顶的汇水处理,湖泊及沟渠对地表水流的吸纳和溢流,道路下垫面性质和凹陷效应对水流过程的特殊作用,人工排水设施对雨洪过程的缓解作用等。大部分地理要素对城市雨洪过程的作用和影响的正负效应在时间上也是动态变化的,如:湖泊及沟渠可能在不同的时间段产生对地表径流的受纳(水流从邻接单元流入)和溢流效应(湖泊及沟渠的水流从湖泊及沟渠流出),人工排水设施对城市雨洪过程的影响在不同的时间段同样可能产生受纳(雨水从入孔流入排水管网)、排放(通过排放口排放到指定区域)和溢流(水流从雨水入孔流出到地面)三种作用效果。湖泊、池塘、河流等水域的水面高程也是随着水体动态变化的,往往

< 026 >

需要对地形高程数据进行动态修改,以反映水体的真实高程。建筑物对城市地表水流的阻挡和进水效应所产生的时间段也是不同的。城市环境中主要要素异质性特征及其对水流过程的影响分析,如表 2.1 所示。

表 2.1　城市水文要素异质性特征分析

类别	要素名称	要素异质性特征分析	对雨洪过程的影响
基础地理数据	地形	高程和坡度的异质性	高程不同导致水流有明显的源汇过程。地形梯度力对流量、流速、方向的影响
	建筑物	地表类型的异质性、建筑物轮廓的异质性、建筑物功能设施的异质性隔离	建筑物轮廓对地表水流的阻挡作用,特殊情况下建筑物的进水效应,屋顶雨水处理的异质性
	道路	地表类型的异质性、与相邻要素具有明显边界隔离	汇水、溢流积水效应以及特殊情况下的排水效应,水流摩阻系数与其他地表类型的不同
	池塘、湖泊	地表类型的异质性、初始水位的动态变化、与相邻要素具有明显边界隔离	对雨水和地表径流的吸纳作用,溢流效应,水流摩阻系数与其他地表类型的不同
	河流	地表类型的异质性、流量的动态变化、与相邻要素具有明显边界隔离	河段上游入流及下游出流,河道与两岸的水流交换,水流摩阻系数与其他地表类型的不同
	土地利用类型	地表覆盖类型的异质性、与相邻要素具有明显边界隔离	不同类型地表对水流的下渗作用和水流摩阻系数的不同
	土壤类型	土壤的结构及构成元素	不同土壤类型的蓄水量和蓄水速率不同
	隧道（涵洞）	隧道入口和出口的参数及重叠位置	隧道的重叠位置,隧道孔径及铺装材料对水流流量和流速的影响
排水系统专题数据	节点	节点类型、空间位置及属性的异质性	不同节点对水流入流及出流量的影响和作用不同
	管段	管道类型和属性的异质性	不同管段类型和属性有着不同的水流输运能力
	明渠、阴沟	明渠位置、属性参数的异质性	对地表水流损失及排水能力的影响不同
	水泵	水泵抽水及出水位置、属性参数的异质性	对地表水流的输运作用,影响水地表量的时空分布过程
	堰	堰的位置及属性参数的异质性	对水流的阻挡和存储作用
	调蓄池	调蓄池位置及属性参数	对水流的存蓄作用

< 027 >

2.6 本章小结

本章首先阐述了不同研究者对空间异质性概念的理解和定义,然后,基于研究领域进行了空间异质性概念的论述,从主要的研究领域论述了不同背景研究者对空间异质性概念的理解和应用方式。在空间异质性概念的基本特征分析方面,分析了通过空间异质性概念应用过程中所表现出来的随时间的演变特征以及在不同研究领域中的应用特征两方面,对空间异质性概念进行了特征总结。最后,结合本书的研究内容,分析了面向城市雨洪过程建模及模拟的要素异质性特征,为本书研究内容做了理论性铺垫。

< 028 >

第3章

基于要素的耦合模型数据适配与空间离散方法

空间离散是指,将研究区域划分为便于分布式物理模型计算的较小的空间单元,并通过这些空间单元为模型建模和模拟提供所需要的、用于表达计算单元中所存在的影响水流过程的空间数据和属性数据(刘青娥等,2002;陈锁忠等,2004;赖正清,2013)。基于物理过程的城市雨洪模型依赖于大量的基础地理数据和排水管网专题数据,来表达城市环境中影响水流过程的各种地理要素及其空间异质性特征。通过数据预处理和空间离散,转换为水动力模型适用的空间离散或数据组织格式,为建模及模拟过程中的模型计算提供必要的初始条件、水文参数和边界条件。传统的数据预处理工作往往需要一个或多个第三方数据处理软件,如 ArcGIS、AutoCAD、QGIS 等,在应用这些软件的基础之上,往往还需要适当的计算机编程技术辅助协作完成。此外,空间离散网格生成往往还需要相关离散软件或离散程序库来配合完成,如 SMS,MIKE 等专用软件都具备网格生成功能,以及 Triangle,CGAL 等三角形网格生成或几何算法库。由此可见,数据预处理及空间离散工作流程及内容复杂且繁琐,为了与模型适配,不但需要空间数据处理和网格生成方面的专业基础知识,而且还需要在一定程度上了解模型系统的建模原理和运行机制。在面对顾及要素异质性的城市雨洪过程耦合模型时,数据预处理和空间离散工作的复杂程度又大大提高了。因此,数据适配方法影响着离散网格生成的效率、对地理要素及其空间异质性特征的存储和组织能力、可交互操作能力、拓扑关系及离散网格的更新模式,其最终会影响到模型的建模效率(杜敏,2005)。面对这一现状,本章首先分析和总结顾及要素异质性的城市雨洪过程建模所需要的数据内容及特征,提出数据适配模型的概念模型和逻辑模型用于数据的解析、存储与管理;其次,空间离散及耦合模拟对输入数据的格式和质量的要求,研究数据预处理方法;最后研究离散网格生成及数据格式转换方法。本章所研究的数据适配和空间离散方法,是面向基于非结构三角形网格的二维水动力模型 ANUGA 和一维水动力管网模型 SWMM 的耦合模型的。

< 029 >

3.1　整体框架

本章研究内容主要包括三大部分,分别为:从原始数据组织与管理的角度出发,研究数据适配模型的构建方法;从数据加工与处理的角度研究面向离散程序的数据预处理方法研究;面向模型的空间离散网格自动生成及数据格式自动转换方法。数据适配与空间离散方法研究的整体技术流程如图 3.1 所示。

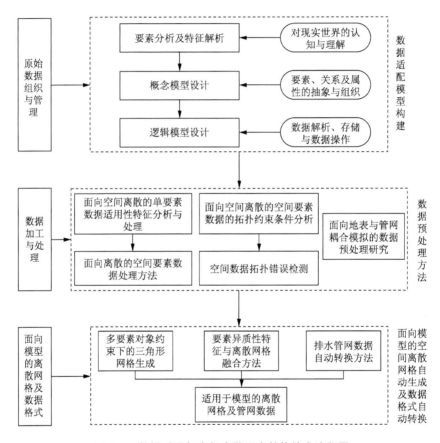

图 3.1　数据适配与空间离散研究整体技术流程图

第一部分,数据模型构建在第 2 章第 3 节的要素异质特征分析基础之上进行数据适配模型的概念模型设计和逻辑模型设计。要素异质性特征分析的目的是对现实世界的理解与认知;概念模型设计,用于明确各要素、要素之间关系及各要素的属性内容,并进行抽象与组织;逻辑模型设计,根据实际需求建立逻辑模型,主要包括数据解析、在内存中存储与组织方式以及相关的功能函数用于支持对数据进行操作,数据操作的内容主要包括数据获取、参数设置等,以功能接口的形式进行

< 030 >

实现。

第二部分,面向离散程序的数据预处理程序,主要研究原始数据的处理方法,使得原始数据更好地满足离散程序使用要求。该部分包含的内容主要有:面向空间离散的单要素数据适用性特征分析与处理、面向空间离散要素之间的拓扑关系研究和面向地表与管网耦合模拟的数据预处理研究。

第三部分,研究内容是面向模型的地表空间离散网格自动生成及数据格式自动转换方法。本书主要针对所面向的两个模型进行空间数据离散及数据格式转换研究,其中空间离散网格生成是针对地表水流动力过程模型所需要的非结构三角形网格,空间数据格式转换是针对地下排水管网模型所使用的输入数据格式。

3.2 数据适配模型构建

3.2.1 概念模型设计

数据建模是将现实世界地理要素、要素属性及要素之间关系在计算机系统中进行数字化存储、组织和管理(Zeiler M,1999)。数据建模的第一步将人们对现实世界理解和认知结果进行抽象和组织的过程,概念建模是用于抽象和组织人们对现实世界认知和理解结果的基本方法(石富兰,2004)。从技术层面上来说,概念模型也是从认知的角度表达数据模型所包括的实体、联系及属性的基本方法(陈常松等,1999)。由本书第 2 章第 3 节对影响城市雨洪过程的要素及其空间异质性特征分析可知,城市环境中的影响水文过程的地理要素类型主要包括基础地理数据和排水系统专题数据,在图中用虚实体图形来表达。基础地理数据和排水专题数据各自所包含的要素与表 2.1 所列的内容一致,概念模型设计还应对要素的主要属性进行描述。由于数据模型主要用于数据预处理和面向空间离散的数据适配功能。因此,作为模型输入条件的气象数据也是数据适配模型的重要组成部分。气象数据主要包括降雨时间序列和其他天气数据,如温度、湿度、连续干旱天数等。面向城市雨洪过程耦合模型的数据适配模型的概念模型,如图 3.2 所示。概念模型中所有地理要素都具有的共同属性有三种,分别是存储类型、存储标识和空间坐标。存储类型是指该要素的空间数据和属性数据在计算机中的存储和组织形式,如:栅格数据、矢量数据(点、线、面)、文本文件等。存储标识是指用来标识该要素类的唯一标识符,如名称、编码等。空间坐标是指各要素在统一投影下的坐标值,包含点坐标,以及构成线和面要素的坐标序列。概念模型设计中各要素类型所包含的主要属性如下:

建筑物所包含的主要属性有:屋顶覆盖类型、建筑物高度、建筑物附属排水节点列表等。

< 031 >

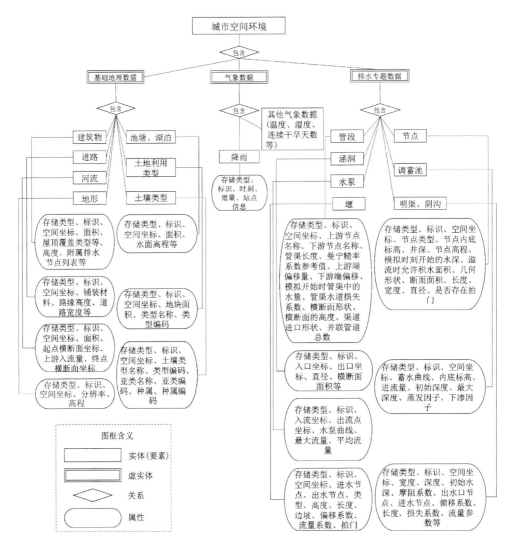

图 3.2　面向耦合模型的数据适配模型概念模型设计

道路所包含的主要属性有:铺装材料、路缘高度、道路宽度等。

河流包含的主要属性有:面积、断面信息、流量等。

地形包含的属性是地形高程值和地形分辨率。

池塘、湖泊包含的属性有面积、水面高程。

土地利用类型要素包含的基本属性有:地块面积、类型名称、类型编码。

土壤类型包含的属性有:存储类型、存储标识、空间坐标、土壤类型名称、类型编码、亚类名称、亚类编码、种属、种属编码。

管段包含的属性有:上游节点名称、下游节点名称、管渠长度、曼宁糙率系数参

< 032 >

考值、上游端偏移量、下游端偏移量、模拟开始时管渠中的水量、管渠水道损失系数、横断面形状、横断面的高度、渠道进口形状、并联管道总数。

隧道包含的属性有：入口坐标、出口坐标、直径、底面宽度、铺装材料等。

水泵包含的属性有：入流点坐标、出流点坐标、初始状态、水泵曲线、最大流量、平均流量。

堰包含的属性有：进水节点、出水节点、类型、高度、长度、边坡、偏移系数、流量系数。

排水管网节点包含的属性有：节点类型（阀闸、雨水井、雨水篦、出水口等）、节点内底标高、井深、节点高程、模拟时刻开始的水深、溢流时允许积水面积、几何形状、断面面积、长度或宽度、直径。

调蓄池包含的属性有：蓄水曲线、内底标高、进流量、初始深度、最大深度、蒸发因子、下渗因子。

明渠、阴沟包含的属性有：宽度、深度、初始水深、摩阻系数、出水口节点、进水节点、偏移系数、长度、损失系数、流量参数。

3.2.2 逻辑模型设计

逻辑模型是指数据模型的逻辑结构，是在计算机程序中的存储、组织和操作方式。具体来说，本文所指的逻辑模型是指以面向对象的计算机编程技术为基础，用于实现以程序化方法将数据解析和读取到计算机内存中，并进行存储和组织，并提供特定的功能函数用于支持对要素逻辑模型的操作。本章针对要素设计的逻辑模型结构如图 3.3 所示。每个要素对应一种逻辑对象类，该类主要包含三个部分：要素类名称、要素空间数据和属性数据存储变量、要素操作接口；其中，要素操作接口主要用于设置和提供要素的相关配置参数。

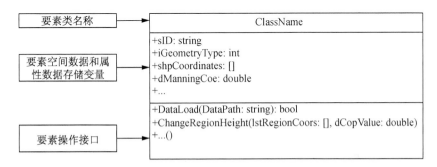

图 3.3　要素逻辑模型类结构示例

面向空间离散的数据适配模型整体类图，如图 3.4 所示，在本设计中每一种要素都对应一个逻辑类，用于加载、解析和在内存当中存储该类要素的值。本逻辑模

< 033 >

型以 Python 编程语言为背景进行类图设计和实现,Python 编程语言并不区分变量类型,但为了便于理解,在逻辑模型类图中还是以传统的变量定义符给出了其变量类型。由于每一份数据都包含要素名、要素路径和数据类型这三个共同属性,因此,在逻辑模型设计当中,设计了一个父类接口为 IUFeatureClass 用于在初始化对象的时候,对这三个参数进行初始化。其中各逻辑类与实体要素对应的关系为:cBuilding 为建筑物要素逻辑对象类;cRoad 为道路要素逻辑对象类;cLake 为湖泊、池塘要素逻辑对象类;cRiver 为河流要素逻辑对象类;cSoil 为土壤类型要素逻辑对象类;cLandUse 为土地利用要素逻辑对象类;cTopography 为地形要素逻辑对象类;cWeather 为气象数据的存储组织类;cRainfall 为降雨时空过程线的存储组织类;cTunel 为隧道要素逻辑对象类;cChannel 为明渠及阴渠要素逻辑对象类;cPump 为水泵要素逻辑对象类;cWeir 为堰要素逻辑对象类;cPipe 为管网管段要素逻辑对象类;cNode 为管网节点要素逻辑对象类;cStorage 为调蓄池要素逻辑对象类。

基于 Python 编程语言的各要素逻辑对象类属性的获取与编辑可直接基于属性变量进行,因此在各逻辑对象类中并没有实现相关的操作函数或数据获取接口,用于进行要素属性的获取与动态设置,如动态修改要素的曼宁系数值、不同土地利用类型的下渗系数等。各要素类中的属性列表,与概念模型所分析和归纳的要素所含属性有一一对应的关系,在设计过程中根据要素属性的性质,用特定变量类型进行存储,如:字符串(string)、双精度浮点型数值(double)、布尔型(bool)以及数组([ ])等。每一类要素都包含一个功能函数,DataLoad()函数用于根据初始化的要素名称、要素文件路径和要素类型进行数据的加载工作,每一种类根据数据的实际情况开发了相应的数据加载程序。其中地形要素包含有一个命名为 Change Region Height(lst Region Coors:[ ], dCope Value:double)功能接口,用于支持修改某些区域高程值,如湖泊的水位往往是动态变化的过程,特定的数字高程模型往往难以直接反映当前的湖泊水位,因此可通过该功能函数进行修改。

3.3 面向空间离散及耦合模拟的数据预处理

顾及要素异质性的城市雨洪过程建模及模拟所涉及的要素类型多、要素数量大、单个要素数据结构和要素之间的拓扑关系都十分复杂。基于非结构化三角形网格的空间离散和面向排水管网模拟的输入数据和参数都对数据的空间拓扑结构和要素本身的数据适用性都有着一定的要求。地表空间数据单要素的数据质量和要素之间的拓扑关系的正确性,都直接影响空间离散网格的生成质量及可用性。排水管网数据的完整性和拓扑关系的正确性,会直接影响到排水管网模型模拟程序是否能够成功执行。如果完全基于手动的方法去实现城市水文要素数据预处理

< 034 >

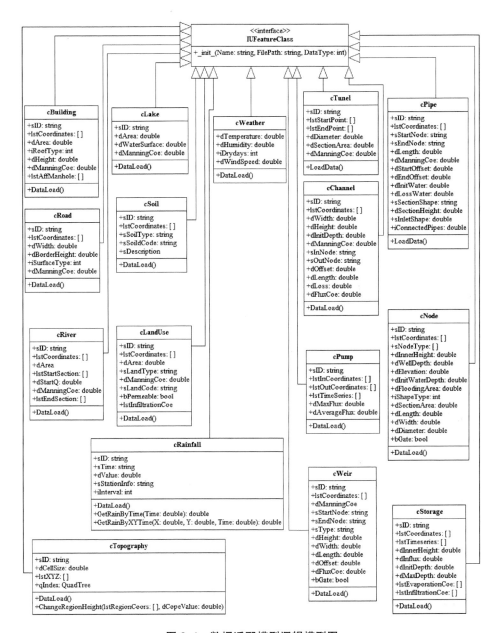

图 3.4 数据适配模型逻辑模型图

工作往往十分繁琐,且需要进行反复的调试。因此,本章研究了面向空间离散的数据预处理方法,主要从三个方面开展研究,包括:面向空间离散的单要素数据适用性特征分析与处理、面向空间离散的要素之间的拓扑关系研究和面向耦合模拟的数据预处理研究。

< 035 >

3.3.1 面向空间离散的单要素数据适用性特征分析与处理

（1）面向空间离散的单要素适用性特征分析

面向空间离散的数据适用性是指，用于表达要素特征的空间数据和属性数据在作为离散程序输入数据时，其数据内容、分辨率、有效性和完整性对空间离散网格生成结果有着直接的影响。适用性特征分析是在对各要素空间数据和属性数据进行认知和理解的基础之上，从支撑模型计算的空间离散网格生成的角度出发，分析基于不同类型要素数据质量对空间离散网格生成的影响，是提高空间离散结果的质量和可用性的关键步骤。以要素类型为单元的，详细的要素数据质量特征分析如下：

a. 地形，地形要素的主要作用是为空间离散后的网格单元（单元顶点、中心点）提供地形高程信息，水动力模型中基于不同的地形高程计算地形梯度力对水流强度和流向的影响。地形要素影响空间离散网格的主要特征包括地形数据的空间分辨率和地形数据的空间范围。地形栅格数据空间分辨率应满足网格离散分辨率的需要，一般情况下地形栅格单元的分辨率不应小于离散网格的分辨率，以保证高分辨率离散网格在实际计算过程中的应用意义；地形的外边界应大于或等于空间离散的目标区域，这样才能保证离散网格均能获取到地形高程值，是模型计算成功的前提条件。

b. 建筑物，现代城市中建筑物的外轮廓往往十分复杂，这使得用于描述其外边界轮廓的矢量数据顶点也十分复杂。网格生成程序通常会基于相应的算法以保证网格的质量，使得生成的三角形网格尽量不出现狭长单元。所以在这种情况下会导致离散网格在某些区域过于密集，增加计算过程中不必要的资源浪费，其效果如图 3.5 所示。但是建筑物周边排水管网节点布置复杂，如果对建筑物轮廓进行概化将破坏建筑物与排水管网节点的拓扑关系，因此不应对建筑物边界做化简或平滑处理，以保证其与管网节点的拓扑关系不受破坏。

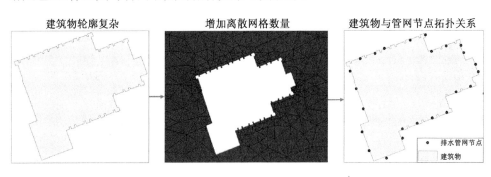

图 3.5　建筑物轮廓的复杂性对离散网格的影响

< 036 >

c. 道路,道路路沿石与路面往往存在着 15～20 cm 的高度差,这往往是 DEM 数据本身难以采集和表达的,其效果如图 3.6 所示。但在现实情况下,城市道路具有非常明显的地表径流汇水效应,因此应对道路两边路沿石引起的凹陷效应的异质性特征进行充分的考虑。

图 3.6　道路凹陷效应

道路网络所包含的内部街区应用独立的面状要素进行表达,以实现对其离散分辨率的设置,否则其道路内部街区的离散分辨率无法进行定义和作用于离散网格,其效果如图 3.7 所示。在现有的地理数据采集中往往并不将街区视为独立的要素进行组织和存储,同时土地利用数据往往也难以直接区分街区。

基于道路路网的离散效果　　　　　　　　基于道路路网+街块的离散效果

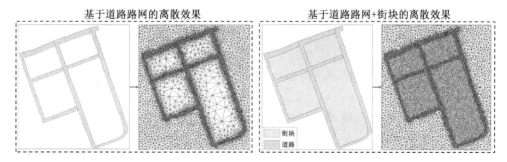

图 3.7　道路适用性特征分析

d. 在现实情况中,池塘、湖泊的空间数据结构往往相对简单,其空间离散数据不存在需要特殊考虑的内容。但池塘和湖泊的水位是动态变化的,这是 DEM 数据所难以反映的,需要提供支持池塘、湖泊区域 DEM 数据动态修正的方法。

e. 河流往往也呈复杂的网状分布,如果没有将含岛屿的河段实行要素对象化分割,而用单个面状要素进行表达,这就造成河道要素出现内部带洞的情况。但现

< 037 >

有的三角形网格生成算法还没有直接从算法内部自动地去识别带洞的面状要素特征,第三方网格生成软件中往往也需要手动标识其所带的洞,效果如图 3.8 所示。如果出现带有一个或多个洞的面状河流,将会大大增加要素间的拓扑关系的判别和处理的难度(欧阳继红等,2009;李健等,2012;沈敬伟等,2016),现在还难以自动化地处理该类拓扑错误。

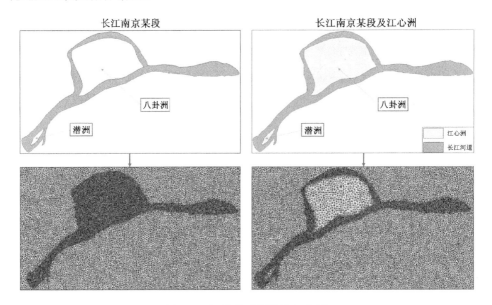

长江南京某段 长江南京某段及江心洲

八卦洲 潜洲

江心洲
长江河道

图 3.8 河流的适用性特征分析

f. 降雨数据及气象数据,在模型模拟过程中,模型的模拟步长往往随实际情况进行动态设置,而从外界获取的降雨量数据在时间尺度上却是固定的。因此,应考虑降雨数据时间尺度与模拟时间步长的一致性尺度转换问题。此外,在实际降水数据中,往往会存在由于仪器错误导致的异常值存在,需要对降雨及气象数据进行异常值检测。

g. 土地利用类型、土壤类型所表达的面状要素往往是用于给网格单元赋予相应的属性值。因此,也需要保证其外边界与离散区域的外边界相同,使得每个离散网格均可以获取对应的土地利用类型和土壤类型的参数值;此外,还需基于异常值检查的方法进行数据质量的基本检测功能。

h. 节点、管段、明渠、阴沟、水泵、堰、调蓄池等排水系统专题数据是面向一维水动力模型,不需要进行基于二维网格的空间离散。因此,排水系统专题数据主要从数据属性的完整和有效性上去考虑数据的适用性。

综上所述,用于空间离散的要素数据主要应考虑的数据适用性特征包括:1. 保持建筑物边界形状的不变,以维持其与管网节点之间的正确拓扑关系,是支撑耦合

< 038 >

模拟的重要内容;2.地形的网格分辨率特征;3.地形数据、土地利用数据、土壤类型数据等属性提取要素对象的边界范围;4.路网所包含的内部街区,应用独立的面状要素进行表示,以支持设置其离散参数,将其视为离散处理对象;5.需要将带洞状的河网面状要素中,形成洞的岛屿或洲进行要素化表达;6.池塘和湖泊的动态水位变化特性;7.降雨数据的时间尺度转换及气象数据异常值检测。此外,排水系统专题数据以特殊的数据格式进行存储,应在满足其特有的数据组织方式前提下,满足模型模拟对数据的完整和有效性的要求。

(2)面向空间离散的单要素数据自动处理方法

基于上一小节对要素数据适用性特征分析结果,本小节设计和讨论了面向空间离散的空间要素数据的基本处理方法。

a.空间数据的边界范围检测,主要是以边界节点遍历的方法进行的,确保研究区域的边界点均包含在对应要素图层之内,使得每个三角形顶点均能获取到相应的属性值。

b.道路、河道、池塘湖泊区域的高程处理。如图3.4逻辑结构图所示,在地形要素逻辑对象中设计和实现了功能函数 Change Region Height(lst Region Coors:〔〕,d Cope Value:double)用于支持对地形栅格单元进行动态交互式处理,参数1lst Region Coors 为需要改变的栅格范围边界,d Cope Value 为处理该围内栅格值的数值。功能函数中的第二个参数可为正值或负值,如果为正表示地形增加值,如湖泊初始水位增加;另外一方面,如果为负表示地形高程按该值进行减小,如道路凹陷、湖泊初始、河道水位偏低时。计算流程如图3.9所示:

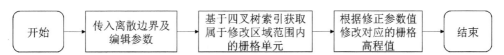

图3.9　道路、河道、池塘湖泊区域的地形高程处理流程

c.降雨数据的尺度转换,降雨数据的尺度转换主要是根据模型设置的模拟步长获取该步长应有的降雨量,本文采用平均分配法进行降雨量时间尺度的转换,转换公式如式3-1所示。

$$Rain_{si} = \left(\frac{Rain_{oi}}{Rain_{scale}}\right) \times L_{step} \tag{3-1}$$

式中:$Rain_{si}$ 为当前模拟时间步长的降雨量,m;$Rain_{oi}$ 原始数据中所属时间段的降雨量,m;$Rain_{scale}$ 为原始数据时间长度,s;L_{step} 为模型模拟的时间步长,s。

转换函数为图3.4中 Get Rain By Time(Time:double):double 和 Get Rain By XY Time(X:double,Y:double,Time:double):double。分别用于直接根据模拟时刻获取降雨量,或根据坐标获取降雨量。其中,根据坐标获取降雨量主要是

< 039 >

针对研究区域内存在多个降雨站点的情景,用于支持不同的离散网格获取不同的降雨量数值。

除上述三个主要数据处理方法外,道路内部街块和河道中的岛屿及江心洲数据的处理流程,仍需要在原始数据加工和处理时基于第三方空间数据编辑软件进行实现,并实现加载和读取。地形的网格分辨率特征在数据加载过程中会存储在地形要素逻辑对象类中,对地形网格分辨率的判断在读取空间离散分辨率的时候进行检测,并给出提示。

3.3.2 面向空间离散网格生成的要素之间的拓扑关系研究

(1) 面向空间离散网格生成的拓扑约束规则分析

拓扑关系是用来描述地理实体间的空间关系,拓扑关系主要包括:相邻、连通、包含和相交等空间关系(汤国安等,2007)。从不同渠道获得的空间数据往往存在着诸多不同类型的拓扑关系错误,尤其是在面向二维水动力过程建模时,地表空间离散所需要的大量不同类型的要素数据,这增加了要素之间的拓扑复杂度和对数据拓扑关系质量的要求。另一方面,面向地表空间离散的要素类型如:道路、湖泊、建筑物都必须是面状要素。而在标准的测绘数据中,往往只有极大比例尺的测绘数据才将道路、小池塘以面状要素进行采集和存储(刘一宁等,2012)。因此,在面向地理建模及模拟的实际工作仍然存在需要进一步进行数据编辑和生产的工作,这也为拓扑错误的产生增加了新的条件。

从空间离散的要求出发,对表 2.1 中的基础地理要素拓扑关系的主要要求包括:

a. 基础地理要素拓扑约束规则分析

由于非结构三角形网格生成算法,是以完全独立无重叠的面状图形为基本单元。因此,为三角形网格生成算法所提供的输入数据结构应该是对离散空间有完整覆盖,且无重叠的一个或多个面状几何对象。从空间拓扑关系方面来看,应保证要素之间正确的拓扑邻接关系,即相邻要素之间不可存在包含或相交关系。相邻要素之间的邻接边应完全吻合,不能有空隙(相离),即相邻边的顶点数量和每个顶点的空间坐标都应完全相同。邻接要素的拓扑错误,往往增加大量的异常网格,拓扑错误的面积越小,增加的错误网格越多,甚至引起内存溢出错误。以道路为例,如果两个道路要素之间存在着间隙或重叠的逻辑关系,将会大大增加离散网格的数量,其效果如图 3.10 所示。

在实际情况中,道路、池塘、湖泊、土地利用类型、建筑物、河流等图层所包含的要素之间往往会出现大量的邻接拓扑关系,容易引起拓扑错误的出现。建筑物、池塘、湖泊要素在地表空间中往往相对独立,很少会有图层内部要素之间的拓扑关系错误。但在离散输入数据之前也应该确保要素之间保持正确的邻接关系。

< 040 >

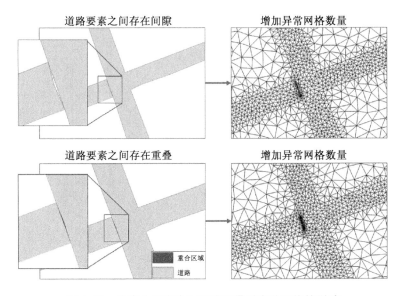

图 3.10　要素之间存在间隙或重叠对离散网格的影响

b. 排水管网专题数据拓扑约束条件分析

排水管网专题数据主要基于节点和线段来进行网络结构的组织,其拓扑关系往往直接通过属性表进行存储,如管段要素字段中包含有起始节点和终止节点。因此,排水管网专题数据的拓扑约束条件分析,主要应检测其节点和链路是否存在指向关系,排除因为原始数据错误而产生的孤立节点或管段。其中,在 SWMM 中堰和水泵的数据结构为链路,也包含起止节点;蓄水池分为地上蓄水池和地下蓄水池两类,地上蓄水池按以二维池塘的方法进行表达,地下蓄水池同样表示为参数化节点。总体来看,排水管网专题数据需要确定的拓扑约束条件包括:表达管段或明渠的线段必须存在起止节点,所有节点必须与一条或多条管段存在附属关系。

(2) 面向空间离散的空间数据拓扑错误检测方法

a. 基础地理要素间的拓扑错误检测

基于上一节小节的拓扑约束条件分析结果,设计和实现拓扑错误检测方法。其中要素之间相交的拓扑检查比较简单,ArcEngine、GDAL 开源空间数据处理库等程序都提供了可直接检测要素相交的相关功能接口,并返回相交的节点坐标。但目前还没有直接检测要素是否相离的算法,本节设计了一种简易方法,用于辅助进行判别要素相离。其具体实现流程是:遍历要素的每个顶点,测试其与其他要素的相邻(touch)次数,如果该点与要素的相邻次数为 1,证明该点可能是潜在的导致拓扑错误的节点。以道路要素拓扑错误检测为例,计算流程如图 3.11 所示。本次计算找出了道路要素中顶点与其他要素边界邻接次数为 1 的顶点,但不足之处就是没有判别出要素边界产生的顶点,需要进一步的人工判别,效果如图 3.12 所示,

< 041 >

基于该方法能将要素顶点中没有与其他顶点有重合关系的顶点找出。该方法中还涉及对空间索引的使用,用于避免不必要的循环遍历。此外,此方法可以基于调整参数的方法,用于判别道路路口顶点与道路、街区要素三次相邻的情况。该方法也可适用于其他要素的拓扑错误检测。

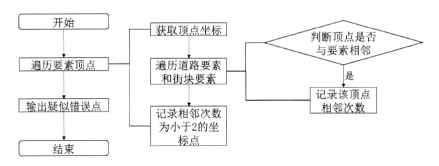

图 3.11 要素相离拓扑关系辅助检测方法流程

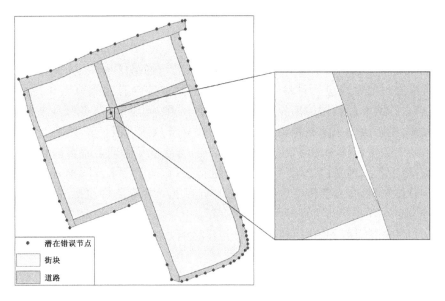

图 3.12 要素相离拓扑关系辅助检测示意图

b. 排水管网专题数据拓扑错误检测

排水管网专题数据的拓扑错误主要基于遍历管段和节点进行,其中管段遍历是用于判断其是否存在有效的起止节点,如若不存在则视为该管段存在拓扑错误。基于节点遍历是用于判断该节点是否与一条或多条管段存在附属关系,如果附属关系为 0,则表明该节点为存在拓扑错误的独立节点。

< 042 >

3.3.3 面向地表与管网水流过程耦合模拟的数据预处理研究

本节所涉及的地表与地下排水管网水流过程之间的水流交换发生的情景主要包括地表水流经排水管网节点流出到排水系统、排水管网水流发生溢流经节点溢流至地表、排水管网出水口排水到地表、建筑物屋顶雨水汇入管道或分流至地表的过程。从数据预处理方面来看,具体可以分为两大类:(1)排水管节点与地表的数据预处理;(2)建筑物与排水管网节点及地表水流的数据预处理。这两类数据预处理的主要内容是为耦合模拟提供所需要的空间数据和属性数据。

(1)排水管节点与地表耦合的数据预处理

排水管网节点与地表水流耦合主要包括两个部分:区分排水管网节点类型及功能,提取存在需要耦合的节点;建立数据耦合逻辑对象,用于组织和管理面向水流交换的属性数据和空间数据,具体内容如下:

a. 排水管网节点类型及功能区分,排水管节点主要类型包括:进水口、探测点、雨水篦、雨水井、出水口、预留口、闸阀、水泵、堰、调蓄池等。在建模过程中,属于排水管网系统内部水流交换的要素包括水泵、堰、地下调蓄池这三类要素,均为排水管网系统中基于节点管段的离散方式进行水流计算,不参与模型耦合计算。属于管网内部连接节点,不参与地表水量交换的要素类型包括预留口、闸阀、探测点;需要参与地表水流计算的节点要素主要包括进水口、雨水篦、雨水井、出水口。其中进水口主要用于与明渠或阴沟相连,用于明渠或阴沟的水流通过进水口汇入排水系统,雨水篦为地表水流主要汇入管系统的节点,雨水井有小部分入流和溢流作用,出水口为由管网向地表排水受纳体排水的节点。

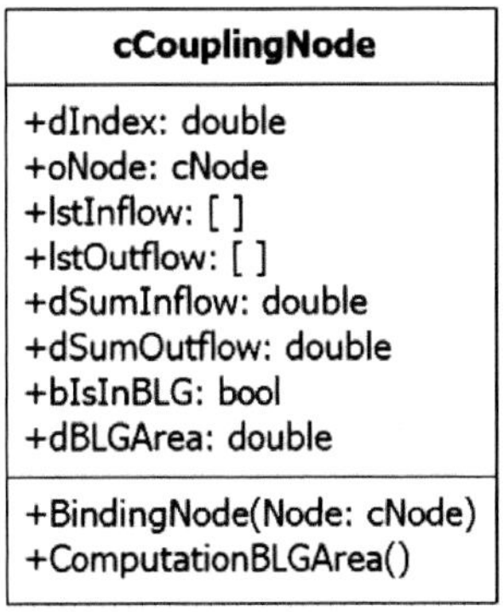

b. 耦合节点逻辑对象,逻辑对象类图如图 3.13 所示。该逻辑对象类包含 6 个基本属性:dIndex 为节点索引号,用于辅助进行节点识别;oNode 为数据模型中的节点逻辑对象,以通过该逻辑对象获取耦合模拟时所需要的参数,如节点坐标、尺寸参数等;lstInflow 为每次模拟时刻经该节点的入流量,lstOutflow 为每次模拟时刻经该节点的出流量,dSumInflow 为该节点总入流量,dSumOutflow 为该节点总出流量或溢流量,这四大参数是用于模拟结果分析的重要参数;该逻辑对象类包含一个功能函数 BindingNode(Node:cNode),用于绑定有水流交

cCouplingNode
+dIndex: double
+oNode: cNode
+lstInflow: [ ]
+lstOutflow: [ ]
+dSumInflow: double
+dSumOutflow: double
+bIsInBLG: bool
+dBLGArea: double
+BindingNode(Node: cNode)
+ComputationBLGArea()

图 3.13 耦合节点逻辑对象类图

换的节点逻辑对象。在模拟初始化时,通过遍历节点逻辑对象,判断节点类型,将需要进行水量交换的节点依次生成耦合节点逻辑对象。属性 bIsInBLG、dBLGArea,以及功能函数 ComputationBLGArea 为与建筑物耦合时的相关属性和

< 043 >

功能函数,将会在下一节进行介绍。

(2)建筑物与排水管网或地表水流的数据预处理

由于建筑物屋顶类型的多样性以及排水系统建设方式的多样性,导致建筑物的屋顶对水流过程的影响和作用十分复杂。因此,本节只考虑两种情况的建筑物屋顶雨水处理过程,第一种方式是将建筑物屋顶的雨水直接汇入其附属或包含的排水节点之中,这与现代大多数城市的实际情况相符;第二种情况是建筑物周边没有管网数据的,则将建筑物雨水直接排放至地面。这两种情况下都可以考虑建筑物屋顶的下渗过程以及绿色建筑的作用。

第一种情况的数据预处理方法主要是建立排水管网节点与建筑物之间的数值关系,将建筑物屋顶总面积平均分配给排水管网节点,图 3.13 类结构图中 bIsInBLG 属性用于标识该节点是否属于某一个建筑物,dBLGArea 属性为该节点分配的建筑物的屋顶面积。对于第二种方式,由于建筑物的边界太过复杂,很难按照边界直接分配水流,本节概化为,按着建筑物的外接矩形进行水流分配,比例与边界长短一致。因此,在数据预处理阶段,此种情况也需要建立边界与建筑物屋顶之间的面积关系,同时保存外边界的坐标范围。两种水流处理规则如图 3.14 所示,图中建筑物存在附属节点的情况下,总面积 6 737 m²,附属节点 25 个,每个节点的分配面积为 269.5 m²;建筑物不存在附属管网时,按边长比例进行面积平均,外接矩形的横向各 1 664.5 m²,外接矩形的竖边各 1 704 m²。面积参数是下一章中模型根据降雨量计算水量的重要参数,雨量直接作为管网节点入流进行处理;矩形边界则作为地表入流进行处理,将建筑物屋顶水流增加在地面上。

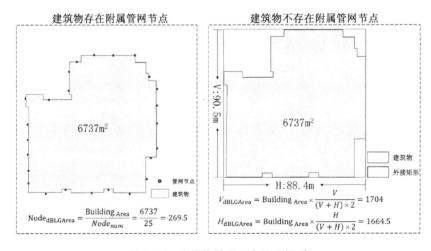

图 3.14　建筑物屋顶雨水处理规则

< 044 >

建筑物外接矩形的每一条边视为一个逻辑对象,用于存储和处理相关信息,用以提供给模型模拟时调用,根据相应参数,加入模型计算过程中去。用于存储建筑物外接矩形的逻辑对象类图,如图 3.15 所示。其中属性 dIndex 为线段索引、属性 lstStartPoint 为线段起点坐标、属性 lstEndPoint 为线段终点坐标、属性 lstOutflow 为次迭代出流到地表的流量、属性 dSumOutflow 为出流到地表的累积流量、属性 dBLGArea 为建筑物分配到该线段的面积、功能函数 ComputationBLGArea 用于实现各段分配建筑物面积的函数。

cCouplingBLGBorder
+dIndex: double
+lstStartPoint: [ ]
+lstEndPoint: [ ]
+lstOutflow: [ ]
+dSumOutflow: double
+dBLGArea: double
+ComputationBLGArea()

图 3.15 建筑物外接矩形入流量控制逻辑对象类图

管网节点分配建筑物屋顶水流面积的计算方法,是利用建筑物与管网节点的拓扑关系进行实现。基于拓扑关系计算分配面积之前,为了避免节点与建筑物没有准确的附属关系,在实际处理中,本文基于缓冲区分析算法,将建筑物边界向外做了 0.1 m 的缓冲区分析。基于缓冲区分析生成的新的建筑轮廓数据对管网节点进行求交和邻接计算,得到附属于某建筑物的节点对象,并基于对象数量进行节点分配面积计算。如果该建筑物求交和邻接的节点数量为 0,则视该建筑物为第二种水流分配情况,并进行外接矩形各边界分配建筑物面积计算。具体计算流程如图 3.16 所示:

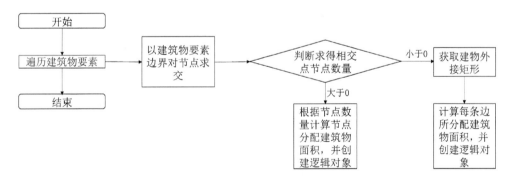

图 3.16 建筑物屋顶水流计算处理流程

3.4 地表空间离散网格自动生成及数据格式自动转换方法

3.4.1 多要素对象约束下的非结构三角形网格生成

现有的面向动力学过程模型建模所需要的三角形网格生成算法十分成熟,主要可分为前沿推进法、阵面推进法、Delaunay 三角化方法以及混合方法(Lo, S.

< 045 >

H.,1985;Rebay,S.,1993;Müller 等,1993;George 等,1994;马钧霆等,2015)。其中以基于 Delaunay 三角化方法因其网格在空间上的全局优化结构的特性,使得其生成的网格能进行动态调整,网格质量或饱满度能得到较好的保证。因此,基于 Delaunay 三角化方法生成的三角形网格最为普遍,并被广泛应用于流体力学及地学其他方面的研究和应用之中。同时,国内外学者基于不同的算法,从不同的侧面继续优化了基于 Delaunay 的三角形网格生成方法(杜敏,2005),陈斌等(2000)引入了一种动态数据结构(双向链表)用于网格生成数据增、删、改、查工作,大大提高了网格生成效率;王盛玺等(2009)提出了一种边交换技术、基于局部重构的约束 Delaunay 三角剖分方法,使得网格在局部自适应加密或稀疏方面有了较大的提升;陈炎等(2009)结合前沿推进方法,使得基于 Delaunay 的三角形网格生成算法在网格均匀性和计算时间上均有一定的优势。

本章基于一种网格质量约束的三角形网格生成算法库 Triangle(Shewchuk,J. R.,1996;2012),研究多要素约束下的三角形网格生成方法。该三角形网格生成算法库在三角形角度及面积的质量控制方面、凸多边形和网格边界处理方面、多分辨率网格细化控制方面、内洞的处理方面都具有很好的处理能力(Shewchuk,J. R.,1998;2002;2003),可很好地适用于本研究所涉及的多要素约束下的非结构三角形网格的生成。

用于生成三角形网格的输入数据主要包括生成网格的多边形区域坐标序列、多边形区域网格分辨率系数、内洞多边形坐标序列。在地表要素完全基于二维浅水方程进行模拟的条件下,作为离散网格输入参数中的多边形区域的要素主要包括道路、地形边界、池塘、湖泊、河流、土地利用类型。作为内洞的要素对象包括建筑物。在将河流、池塘、湖泊这三类要素对象基于零维或一维模型与浅水方程进行耦合模拟的情况下,也可将河流、池塘、湖泊要素按内洞进行处理。在三角形网格生成程序中,Triangle 三角形网格生成算法库定义的用于外部程序调用的算法初始接口为:void triangulate (char ＊ triswitches, struct triangulateio ＊ in, struct triangulateio ＊ out, struct triangulateio ＊ vorout),其中 triswitches 为用于设置生成三角形的相关参数,以命令行参数的形式进行组织,如是否进行三角形角度或面积控制、三角形角度和面积控制范围值等。＊in、＊out 分别为输入数据和输出数据,这些输入输出数据涉及离散网格的顶点信息、三角形单元信息、三角形边、内洞、多边形区域、边界,triangulateio 结构体的变量名称及意义如表 3.1 所示。＊vorout 用于输出生成三角形过程中产生的 Voronoi 结构数据,本研究不涉及 Voronoi 数据的输出,设置为空。其中必须作为输入数据传输的参数是多边形区域和内洞。

< 046 >

表 3.1 triangulateio 结构体所含变量及用途

对象	用于输入输出的内容
顶点	顶点总数量、各顶点所含属性、顶点坐标值(x, y)、顶点索引编号
三角形单元	三角形总数量、各三角形属性、三角形索引编号、组成三角形顶点的编号、相邻三角形编号、三角形控制面积
线段	线段两个端点的索引编号、线段总数量、各线段的属性
内洞	各内洞初始点的坐标、内洞总数量
多边形区域	多边形区域总数量、多边形区域起始坐标、属性、最大面积控制参数
边界	边界总数量、边界索引编码、边界坐标值

三角形网格生成程序根据输入的三角形生成命令参数、多边形、内洞数据进行三角形网格的动态生成。基于要素的三角形网格自动生成的基本流程如图 3.17 所示,具体的生成步骤包括:

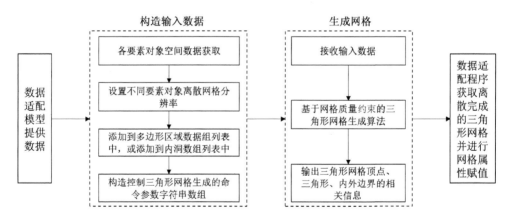

图 3.17 基于要素的三角形网格生成流程

a. 基于数据适配模型获取各要素的空间属性,基于本章第 2 节所建立的数据适配模型,提供三角形网格生成所需要的各要素原始数据;

b. 构造输入数据,将获取到的原始数据构造成适用于三角形网格生成程序所需要的输入数据,步骤包括各要素对象空间数据获取、设置不同要素对象离散网格分辨率、根据不同的要素类型将多边形区域的坐标添加到多边形区域数据组列表中或添加到内洞数组列表中、构造控制三角形网格生成的命令参数字符串数组;

c. 调用三角形网格算法库生成网格,包括接收输入数据、执行基于网格质量

< 047 >

约束的三角形网格生成程序以及输出三角形网格顶点、三角形、内外边界的相关
信息;

d. 数据适配程序获取离散完成的三角形网格并进行网格属性赋值,属性数据
的设置主要用于反映要素之间空间异质性特征,用于模型模拟。

3.4.2 要素异质性特征与离散网格自动融合方法

由第 2 章第 3 节可知,影响城市雨洪过程且需要融合于离散网格的基础地理
要素异质性特征可归纳为:地形高程(其中河流、湖泊、池塘等水体为动态修正高
程)的异质性、城市要素之间明显的边界特征、不同要素地表粗糙度对水流过程的
影响、不同土地利用类型和土壤类型对水流的下渗过程的作用不同。要素异质性
特征与离散网格融合的主要内容是,将反映地表空间异质性特征的参数信息根据
空间位置关系,赋予到对应的网格顶点和中心点。各要素的异质性特征与离散网
格融合的方式如下:

a. 地形高程数据。以空间坐标查询的方式获取三角形各顶点及三角形中心
坐标所在位置的高程值,并存储在网格数据结构的属性变量中。

b. 要素边界。不同要素的边界主要通过输入要素的多边形范围进行表达,网
格生成程序根据各要素的多边范围生成网格,要素之间的边界能精确地反映在离
散网格中。图 3.18 所示,不同土地利用类型的边界在离散网格中得到清晰的
描述。

c. 糙率系数。反应要素粗糙率对水流流速影响的曼宁系数可根据要素的类
型及地表覆盖类型进行动态配置。

d. 属性参数。不同土地利用类型数据和土壤类型相关参数,以空间查询的方
式进行获取,作为参数存储在三角形顶点及中心的属性数据列表中。

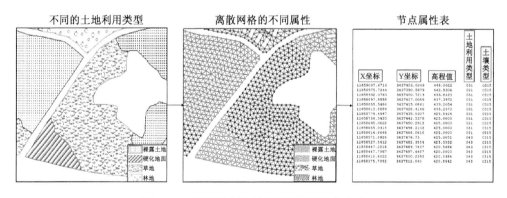

图 3.18　不同的土地利用类型下网格的生成

< 048 >

3.4.3 排水系统专题数据自动转换方法

排水系统专题数据自动转换方法主要是用于将基于标准地理信息数据存储和组织的数据格式转换为适用于一维排水管网模型可直接使用的数据格式。本文以SWMM 模型管网水流过程模拟模块所需要的数据格式为转换目标展开研究，SWMM 模型的详细介绍可见第 4 章第 1 节。SWMM 模型因其在排水管网模拟方面的能力，被广泛用于城市雨洪管理当中。为了提高 SWMM 的应用能力，赵冬泉等（2008）、刘德儿等（2016）研究了 SWMM 模型与 GIS 相结合的模拟方法。在数据转换方面，周玉文等（2015）、杨宏等（2016）建立了 GIS 数据到 SWMM 数据的自动转换方法。但上述研究中对 SWMM 的使用情景是完整的 SWMM 模型，本节的数据转换是面向 SWMM 管网输水模块，并不针对地表汇水模块进行转换。因此，本小节只介绍管网输运模块所涉及的数据自动转换方法。

管网输运模拟涉及的排水管网数据包括：节点、管段、明渠、阴沟、水泵、堰、调蓄池。SWMM 用于排水系统模拟的模型输入文件（INP 文件）以关键字加内容的形式为基本组织结构，涉及的关键字及其内容主要包括：[TITLE]：模拟名称；[OPTIONS]：相关参数设置；[INFLOWS] 可作为管网入流的节点列表；[JUNCTIONS]：管网连接点数据；[OUTFALLS]：出水口数据；[CONDUITS]：管段数据；[XSECTIONS]：渠道、孔口和堰横断面几何特性；[LOSSES]：管渠进口、出口损失；[INFLOWS]：节点的外部水文过程线进流量；[TIMESERIES]：降雨数据时间序列；[COORDINATES]：节点坐标信息；[STORAGE]：蓄水节点信息；[WEIRS]：堰管段信息；[DIVIDER] ：分流器节点信息；[PUMPS]：水泵信息。各关键字内容的详细和具体含义及内容组织方式可参考周玉文等（2015）以及杨宏等（2016）相关研究成果，以及 SWMM 模型的用户手册（Rossman, L. A. ,2010）。

数据转换的基本流程包括：

a. 从适配数据模型中获取要素的空间数据和属性数据，数据适配模型为数据转换程序提供所有要素完整的空间数据和属性数据，基于面向对象的程序开发方式进行获取。

b. 按各关键字节点的组织方式生成字符串，SWMM 模型输入文件 INP 文件以文档的形式进行组织。因此，INP 文件所包含的参数信息、各要素属性和空间数据以及时间序列数据均以含有换行符的字符串的形式进行组织和构造。

c. 写入生成的字符串到模型可识别的 INP 文件中，供排水管网模拟模型加载使用。面向 SWMM 模型管网水流模拟所涉及的数据转换的基本流程图如图 3.19 所示。

< 049 >

图 3.19　排水管网专题数据转换基本流程

3.5　应用案例

　　本研究基于 Python 语言进行开发实现数据适配和空间离散程序,由于
Python 编程语言的特点,基于本节所实现的数据适配和空间离散程序并未实现一
套可视化操作界面用于交互式操作。数据适配程序的输入数据是基于 XML 结构
化文档配置的方式进行输入数据配置,文档基本结构如图 3.20 所示。输入数据配
置文档中分类描述了数据适配模型读取的各要素图层的相关信息,包括要素图层
类型识别标识(KeyWord)、要素图层名称(Name)、要素图层所在文件路径(Path)
以及各属性的对应字段在要素属性表中的对应名称。

图 3.20　输入数据配置文档结构

　　空间数据解析及拓扑错误检测等程序,主要基于 GDAL/OGR Python API 所
提供的接口完成。此外,由于 Python 程序语言在支持开发空间数据可视化功能和
交互式编辑功能方面的不足,在实际应用中,基于数据适配程序检测得到的数据拓
扑错误,需要对要素进行手动编辑和修改,在实验中,这一部分工作是基于 ArcGIS
桌面软件辅助进行要素空间数据编辑。

< 050 >

将本章提出的基于要素的数据适配与空间离散方法应用于三个典型城市区域进行数据适配和空间离散处理,这三个应用案例代表不同类型的城市区域,其中应用案例 1 所用的研究区域位于重庆市主城区的约克郡小区,应用案例 2 所使用的研究区域是江苏省南京市的南京师范大学仙林校区,应用案例 3 所应用的研究区域位于美国宾夕法尼亚州匹兹堡都市区的 Highland Park Historic District。案例 1 的应用区域为典型的现代城市社区,城市社区是海绵城市建设和管理的基本单元;研究区域 2 代表了城市的公共服务区域;研究区域 3 为城市的综合区域,涉及众多影响城市雨洪过程的要素,研究区域中还包含了阿勒格尼河(Allegheny River)。由于研究区域 3 位于美国境内,其基础地理数据来源于网上公开数据,研究区域 3 并不包含排水系统专题数据,但该区域是唯一包含河流要素数据的研究区域,同时,该区域具有研究面积大,建筑物、道路要素多等综合性特点。

研究案例 1 和 2 的数据适配和空间离散结果包括两个部分:地表要素空间离散成为适用于二维浅水方程建模和模拟的非结构三角形网格以及适用于排水管网模型 SWMM 所使用的数据格式。由于没有获取到匹兹堡都市区的排水管网数据,研究案例 3 只对地表空间进行了空间离散。

3.5.1　基于城市居民社区的应用案例

本案例所应用的社区为重庆市约克郡社区,该社区位于重庆市渝北区西南部,张楚(2016)基于该社区进行了低影响开发的研究,并综合介绍了该区域的研究情况。案例应用区域总面积约 85.5 万 m²,本节所使用的数据为 2013 年采集的数据,2013 年该小区处于建设施工状态,土地利用类型呈现多样化的特点,包括裸露土地、硬化地面、草地、林地;基础地理要素类型包括湖泊、道路和建筑物,设计的排水专题数据包括雨水口、排水管线和排水口。研究区域概况如图 3.21 所示。

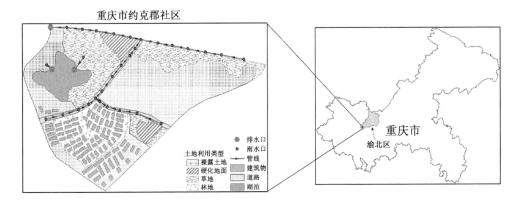

图 3.21　基于城市居民社区的研究区域概况

< 051 >

在数据适配程序中,将应用区域中的不同要素设置为不同的离散分辨率,其中道路的离散分辨率为 5 m,土地利用类型要素的离散分辨率为 10 m,湖泊的离散分辨率为 20 m,其他区域的离散分辨率为 80 m。其中三角化算法程序中的输入顶点 644 个,输入内洞 87 个,生成三角形网格结点 18 345 个,生成三角形 35 587 个,三角形边 54 018 条,其中位于区域外边界上的边共计 1 275 条,位于内洞边界的边共计 1 474 条。三角形网格生成结果和排水管网专题数据转换结果如图 3.22 所示。

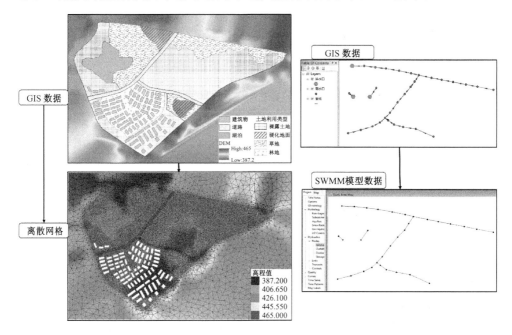

图 3.22　基于城市居民社区的空间离散

3.5.2　基于城市公共服务区域的应用案例

以位于江苏省南京市栖霞区的南京师范大学仙林校区作为城市公共服务区域的应用案例,本书第 4 章模型耦合模拟案例同样基于南京师范大学仙林校区主要区域展开,研究区域概况介绍可见第 4 章第 4 节及图 4.6。研究区域面积约为 3.26 km²,用于地表空间离散的基础地理要素类型包括道路、建筑物、湖泊、池塘、建筑区域绿地(可下渗地面)以及地形要素。不同要素设置的离散分辨率如下:道路的离散分辨率为 5 m,池塘的离散分辨率为 10 m,建筑物区域空地的离散分辨率为 15 m,其他区域的离散分辨率为 70 m。共输入顶点 3 447 个,输入内洞 97 个;共生成三角形网格节点 64 621 个,三角形网格单元 125 352 个,三角形边 190 067 条,其中位于内洞的三角形边 8 724 条,位于外边界的三角形边 4 078 条。地表空间离散结果如图 3.23 所示。

< 052 >

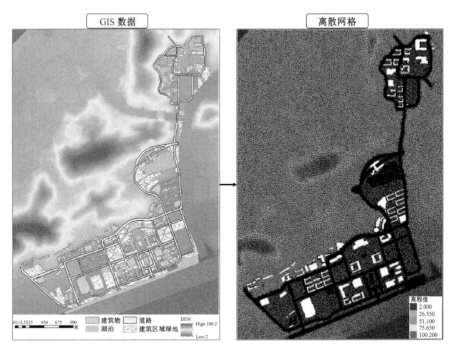

图 3.23 基于城市公共服务区域的地表空间离散

南京师范大学仙林校区排水管线系统共有雨水节点 3 957 个,其中出水口 23 个,其他节点 3 934 个,共计管段 3 968 条。排水管网数据由标准的 GIS 空间数据,基于数据适配程序提供的方法,转换为 SWMM 模型的结果如图 3.24 所示。

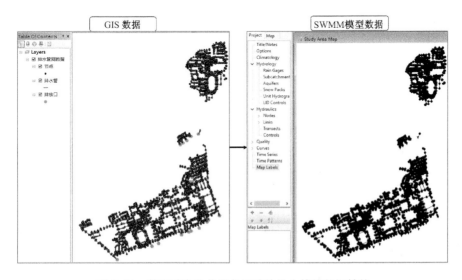

图 3.24 基于城市公共服务区域的排水管线数据转换

< 053 >

3.5.3 基于复杂城市区域的综合应用案例

面向城市综合区域的应用研究案例区域位置,如图 3.25 所示,应用区域总面积约 31.4 km² 。通过在线开源渠道获取的该区域地表基础地理要素包括地形、河道、江心洲、主干道路、池塘、区域全部建筑物。其中建筑物包含 13 699 个建筑面。

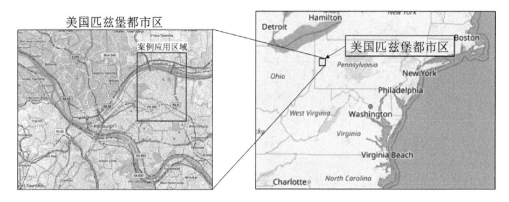

图 3.25 综合应用案例区域位置

该区域参用的坐标系统为:NAD_1983_Lambert_Conformal_Conic,输入数据的单位为美制英尺。各要素离散网格输入分辨率设置为:道路为 40 英尺,河流、池塘、江心洲均为 200 英尺,其他区域的网格分辨率设置为:4 000 英尺。输入离散程序的顶点共计 68 741 个,输入内洞 13 699 个;共生成三角形顶点 370 657 个,三角形 637 653 个,三角形边 1 021 985 条,其中位于内边界的三角形边 131 011 条,位于外边界的三角形边 27 162 条。应用区域要素及地表空间离散结果如图 3.26 所示,应用区域局部放大的离散效果如图 3.27 所示。

3.6 本章小结

本章介绍了基于要素的耦合模型数据适配与空间离散方法。该方法通过构建面向城市雨洪过程建模及模拟的数据适配模型,结合面向对象的程序化方法解决基于要素的城市雨洪过程耦合建模及模拟所需要的数据解析、管理的问题。提出了用于城市雨洪过程耦合建模及模拟的数据适配模型的概念模型和逻辑模型,对城市雨洪过程耦合建模及模拟中的要素及其属性,从概念和逻辑上进行了完整的表达描述以及程序化建模。在数据适配模型的基础上,从单要素的数据适用性、要素之间的拓扑关系及面向耦合模拟三个方面分析了面向空间离散的数据预处理需求、适用性特征及基本解决方法,使得数据适配模型能更好地满足空间离散网格生

< 054 >

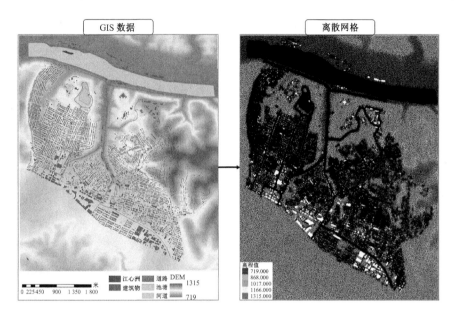

图 3.26　综合应用案例离散结果

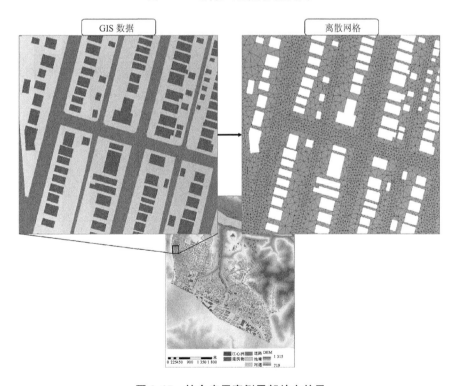

图 3.27　综合应用案例局部放大效果

< 055 >

成程序对数据质量和规范的需求。在数据适配模型及输入数据预处理方法的研究基础之上,以基于非结构三角形网格的二维浅水模型及排水管网模型为背景,研究了面向模型建模和模拟的离散网格自动生成及数据格式自动转换方法。

　　基于本章提出的数据适配与程序化空间离散方法的案例应用表明,方法能很好地满足不同异质性情景下、多源异构输入数据的适配及空间离散网格生成的工作。该方法充分考虑了顾及要素异质性的城市雨洪过程耦合建模及模拟的特征、复杂性以及对自动化数据适配和空间离散网格生成的要求,提高了数据适配和空间离散网格生成能力,为后期的顾及要素异质性的耦合建模、多情景模拟及分析工作奠定了基础。

< 056 >

第 4 章

城市地表与地下管网水流过程
双向同步耦合方法

支持城市地表与地下排水管网水流过程双向同步耦合的雨洪过程计算模型，是展开城市雨洪过程建模与模拟和综合性分析的基本条件。SWMM 模型具备强大的排水管网水流模拟能力，但对地表水流过程进行了大量的简化和概化；ANUGA 是支持对不同情景的水流过程进行精确模拟的二维动力过程模型，其采用非结构三角形网格进行空间离散，能较好地适用于空间异质性特征明显的城市环境。但目前 ANUGA 还不支持水流在地下排水管线系统中运动过程的演算。因此，本章将基于 ANUGA 地表水动力模型和 SWMM 排水管网模型研究城市地表与地下管网水流过程双向同步耦合方法。在认识 SWMM 模型和 ANUGA 模型原理的基础上，从模型耦合建模原理、模型系统耦合模拟机制两大方面展开研究，并结合实际应用案例验证耦合建模及模拟效果。

4.1 模型简介

4.1.1 SWMM 模型简介

SWMM 模型是美国环境保护署在 20 世纪 70 年代研发的一个综合性城市暴雨洪水模拟模型。此模型支持对城市环境中水文过程（降雨、蒸发、下渗等）、水动力过程（管道、渠道、水泵、阀门、蓄水处理单元等）和水质（污染物的累积、冲刷、输运等）的模拟，包含四个主要的核心计算模块：地表径流模块（RUNOFF）、物质输运模块（TRANSPORT）、管网水流输运模块（EXTRAN）以及存储处理模块（STORAGE/TREATMENT）。通过各模块的模拟计算实现地表径流的模拟、排水管网、污水处理单元等水文和水动力过程的水量和水质的动态模拟计算。经过多年的发展和完善，近年来 SWMM 增加了交互式可视化功能，用于帮助用户在更为灵活和友好系统中的使用模型，同时增加了 LID（Low Impact Development）低

< 057 >

影响开发的部分功能,可用于支撑海绵城市建设。

EXTRAN 模块是 SWMM 模型中用于模拟地下排水管网对雨洪过程作用的模块。本章研究所涉及的地表水流入流部分采用二维浅水方程,取代了 SWMM 原有的基于水库模型的地表汇水过程演算。因此,本章研究只需要用到 SWMM 模型中的 EXTRAN 模块来支持对地下排水管线内部的水流动力过程的模拟研究。EXTRAN 模块是基于圣维南方程数值求解来实现对管网内部水流运动的模拟计算。SWMM 中 EXTRAN 模块所演算的管网水流运动过程是指在降雨条件下,经由水库模型基于地表空间汇水功能区计算得到的汇入对应雨水口的水流,在地下管网排水系统中的运动过程,除了部分滞留管道内部的水流外,其他水流经由出水口排出。出水口为 EXTRAN 模块的计算终点,排出的水量在河道、沟渠、池塘湖泊等排水受纳体中的运动过程不再是 SWMM 模型的考虑范围。

4.1.2　SWMM 模型 EXTRAN 模块计算原理

雨水从雨水入孔经地下排水管网和排放口排出的过程为 SWMM 模型 EXTRAN 模块所计算和处理的内容,基于节点—线段的网络连接组织形式表达地下排水管网的空间和属性信息。SWMM 模型基于一维圣维南方程(Saint-Venant equations)模拟外部入流在水流入孔、管道内部、水泵、管线交叉口及排放口等排水管网要素的非恒定流运动过程。圣维南方程对于描述具有自由表面水体渐变不恒定流动的计算具有重要的实际意义。圣维南方程由动量守恒方程和质量守恒公式组成,其数学表达式如下(刘家宏,2015):

质量守恒方程:
$$\frac{\partial A}{\partial t} + \frac{\partial Q}{\partial x} = 0 \qquad (4\text{-}1)$$

动量守恒方程:
$$\frac{1}{g}\frac{\partial V}{\partial t} + \frac{V}{g}\frac{\partial V}{\partial x} + \frac{\partial H}{\partial x} = s_0 - s_f - h_L \qquad (4\text{-}2)$$

式中:H 为静压水头,即高程与水深之和,m;x 为管段的长度,m;A 为过流断面面积,m^2;V 为断面平均流速,m/s;$Q=AV$ 为流量,m^3/s;g 为重力加速度;s_0 为管道底坡,m/m;s_f 为单位管长摩擦阻力能量损失,m/m;h_L 为单位管长局部阻力能量损失,m/m。

在方程组中,$\frac{1}{g}\frac{\partial V}{\partial t}$ 与 $\frac{V}{g}\frac{\partial V}{\partial x}$ 为惯性力,$\frac{\partial H}{\partial x}$ 为压力项,s_0 为重力项,s_f 和 h_L 为摩擦力项,其中 s_f 由曼宁公式计算得到(梅超等;2017):

$$s_f = \frac{J}{gA\,R^{\frac{4}{3}}}Q\,|\,V\,| \qquad (4\text{-}3)$$

式中:J 等于 $g\,n^2$;n 为管道(或河道)的综合糙率;R 为水力半径,m;V 为断面

< 058 >

平均流速,m/s。

SWMM 模型中提供了三种不同的水流运动模拟方法,包括:恒定流(Steady Flow)、运动波(Kinematic Wave)和动力波(Dynamic Wave)用于支持不同复杂度的管网系统中非恒定流水流运动过程的演算(梅超等,2017)。

恒定流是三种算法中最简单的一种计算方法,它假设水流在管道内部的时空运动过程都为均匀和恒定的。在计算时直接将管道的入流转化为出流量,缺少对水流在管段过程中的时间损耗和形态变化的考虑,实际计算时,通过曼宁公式计算水流流量。基于稳定流的计算方法未考虑回水影响、进出口损失、有压流动等复杂情况。该方法只适用于简单形状的水力分析,计算过程中假定每个节点只有一个对应的水流出口。同时,稳定流忽略了时间步长的影响,使得该方法不太适用于长期连续性模拟。

运动波是通过各个管渠动量方程的简化方式对水流运动的连续方程和动量方程进行求解计算。计算过程中,动量守恒方程进行了一定的假设和简化,其假设水面坡度与管渠坡度是一致的,且计算过程中忽略了动量方程中的惯性项、压力项和局部阻力项的影响。该方法只能用于树状型的排水管网计算,不适用于分叉复杂的管网模拟,缺少对进出口局部损失、蓄水与回水、逆向流动、有压流动等复杂水流运动过程的处理。较稳定流而言,该方法可以支持计算水流和断面面积随时间和空间变化的动态过程,支持长期连续性模拟计算,但需要在较大尺度的时间步长下(5~15 min)才能保证算法计算的稳定性和收敛效率(周晓喜,2017)。

恒定流和运动波在实际使用过程中均存在着不足,不适用于解决环状管网、多分叉管道、超载流和压力流的情况下的复杂水流模拟。动力波基于完全圣维南方程进行求解和演算,包括管渠的连续性方程、动量方程和节点水量控制方程。因此,动力波的计算结果在理论上是最为精确的,但计算时应使用较小的计算步长。在对完全圣维南方程的求解中,局部损失项可以表达为式 4-4(芮孝芳等,2015;周晓喜,2017)。

$$h_L = \frac{\varepsilon V^2}{2gL} \tag{4-4}$$

式中:ε 为位置 x 的局部损失系数;L 为管段总长度,m。

将式(4-5)代入到式(4-1)、式(4-2)中,忽略 s_0,得到:

$$Q = AV \tag{4-5}$$

质量守恒方程:

$$A\frac{\partial V}{\partial x} + V\frac{\partial A}{\partial x} + \frac{\partial A}{\partial t} = 0 \tag{4-6}$$

动量守恒方程:

$$gA\frac{\partial H}{\partial x} + \frac{\partial Q}{\partial t} + \frac{\partial}{\partial x}\left(\frac{Q^2}{A}\right) + gA\,s_f + gA\,h_L = 0 \tag{4-7}$$

< 059 >

将式(4-6)代入式(4-7)，整理得到：

$$gA\,\frac{\partial H}{\partial x} - 2V\,\frac{\partial A}{\partial t} - V^2\,\frac{\partial A}{\partial x} + \frac{\partial Q}{\partial t} + gA\,s_f + gA\,h_L = 0 \tag{4-8}$$

将式(4-3)和式(4-4)代入到式(4-8)，并用有限差分法得到如下显式计算格式：

$$Q_{t+\Delta t} = \frac{1}{1 + \dfrac{J \times \Delta t \times |\bar{V}|}{\bar{R}^{4/3}} + \dfrac{\sum\limits_i \varepsilon_i \times |v_i| \times \Delta t}{2L}}$$

$$\left[Q_t + 2\bar{V}(\bar{A} - A_t) + \bar{V}^2\,\frac{A_2 - A_1}{L} \times \Delta t + g\,\bar{A}\,\frac{H_1 - H_2}{L} \times \Delta t \right] \tag{4-9}$$

式中：Q_t、$Q_{t+\Delta t}$ 表示 t 和 $t+\Delta t$ 时的节点入流量，m³/s；ε_i 为管段位置 i 的局部损失系数；V_i 为管段位置 i 的局部流速，m/s；$\bar{V}$ 为管段加权平均流速，m/s；$\bar{R}$ 为平均加权水力半径，m；$\bar{A}$ 为平均加权过流面积，m²；A_t 为 t 时刻水流过流面积，m²；A_1、A_2 为管段上下游断面面积，m²；H_1、H_2 为管段上下游断面高度，m。

节点控制方程为：

$$\frac{\partial H}{\partial t} = \frac{\sum Q}{A_{Node} + \sum A_s} \tag{4-10}$$

式中：A_{Node} 为节点自身面积，m²；$\sum Q$ 为节点流量代数和；$\sum A_s$ 与节点连接的所有管道表面积和，m²。

节点控制方程有限差分表达式为：

$$H_{t+\Delta t} = H_t + \frac{\Delta Vol}{(A_{Node} + \sum A_s)_{t+\Delta t}} = H_t + \frac{0.5\Delta t\left[(\sum Q)_t + (\sum Q)_{t+\Delta t} \right]}{(A_{Node} + \sum A_s)_{t+\Delta t}}$$

$$\tag{4-11}$$

式中，ΔVol 为 Δt 时间内经过节点的净水量，m³。由式(4-9)和式(4-11)联立求解，即可求得管段和节点在 $t+\Delta t$ 时刻的流量和水面高程。

4.1.3　ANUGA 模型简介

ANUGA Hydro 是一个二维开源水动力模型，主要由澳大利亚地球科学局和澳大利亚国立大学开发完成，可用于多种情景的水动力过程模拟，如：海啸、河流洪水、溃坝及暴雨洪水等水动力过程，支持急变流和缓变流的模拟。ANUGA 是一款成熟的开源二维水动力模型软件系统，采用 Python 和 C 语言混编的方式开发完

< 060 >

成,核心计算程序基于 Python 开发完成,C 语言主要用于输入输出数据的解析和处理。ANUGA 的核心计算方法是基于有限体积法求解二维浅水方程,演算水流在不同地表的运动过程。ANUGA 基于非结构三角形网格进行地表空间离散,非结构三角形网格可以很好地支持网格分辨率的尺寸变化以捕获需要的空间异质性细节,灵活的多分辨率网格生成机制,也可以节省一些相对均质化区域的计算源。如果基于非结构三角形网格单元,则 2D 浅水方程的离散和计算程序变得非常复杂。因此,ANUGA 是目前极少数基于不规则三角形网格离散的开源水动力模型之一。ANUGA 能动态计算每个网格单元的水深、流量和流速等数据,能满足顾及要素异质性建模和模拟的需要。

在模型系统开发方面,ANUGA 模型具有良好的编程风格和系统架构体系。模型系统程序将基于浅水方程的不同水流情景计算方法作为核心程序实现,保证模型内核的稳定性;另一方面,城市环境下往往存在其他的需要基于水力学方法进行额外计算和处理的水文要素对象影响下的水流过程,如:降水、水流在隧道和堰等要素作用下的计算方法,在 ANUGA 模型系统中,采用基于面向对象程序开发方法将该类水文要素定义为可操作对象(Operators 和 Structures)。可操作对象的设计,使得该模型在处理超出浅水方程计算范围的水文要素影响下的水流过程方面具有良好的可扩展性能。在实际使用过程中,用户可根据实际情况,基于实例化可操作对象的方法对水文要素,如隧道、沟渠等对象进行动态的添加和属性配置,并作用于水流的运动过程。

4.1.4 ANUGA 模型基本计算原理

ANUGA 模型所基于的二维浅水方程表达式如下(Zoppou 等,1999):

$$\frac{\partial U}{\partial t} + \Delta \cdot F = S \qquad (4\text{-}12)$$

式中,U 代表守恒变量矢量,F 代表流量张量,S 代表源项矢量。二维浅水方程的笛卡尔表达形式为:

$$\frac{\partial U}{\partial t} + \frac{\partial E}{\partial x} + \frac{\partial G}{\partial y} = S \qquad (4\text{-}13)$$

式中,E 和 G 是 F 的笛卡尔坐标分量,矢量 U、E 和 G 可以以基本变量的形式表达为:

$$U = \begin{bmatrix} h \\ uh \\ vh \end{bmatrix}, E = \begin{bmatrix} uh \\ u^2 + g\,h^2/2 \\ uvh \end{bmatrix}, \text{and } G = \begin{bmatrix} vh \\ uvh \\ u^2 + g\,h^2/2 \end{bmatrix} \qquad (4\text{-}14)$$

< 061 >

式中:g 表示重力加速度;h 为水深;u、v 分别为 x 和 y 方向上的流速。该计算基于三个实根和不同特征值的严格双曲线进行的,源项 S 表达式如下:

$$S = \begin{bmatrix} 0 \\ gh(S_{0_x} - S_{f_x}) \\ gh(S_{0_y} - S_{f_y}) \end{bmatrix} + \begin{bmatrix} 0 \\ gh\,S_{b_x} \\ gh\,S_{b_y} \end{bmatrix} \tag{4-15}$$

式中,S_0 为底坡度,S_b 为障碍物影响,底摩阻 S_f 可以通过曼宁阻力公式计算得到,曼宁阻力公式表达式如下:

$$S_{f_x} = \frac{u\,n^2\,\sqrt{u^2+v^2}}{h^{4/3}}, S_{f_y} = \frac{v\,n^2\,\sqrt{u^2+v^2}}{h^{4/3}} \tag{4-16}$$

式中 n 为曼宁摩阻系数,为了进一步提升模型适用于复杂情景的模拟,ANUGA 模型在浅水方程的源项中增加了障碍物对水流过程影响和作用机制的考虑。

ANUGA 模型中基于有限体积法并结合一阶黎曼近似求解二维浅水方程(Zoppou 等,1999;Nielsen 等,2005)。从 ANUGA 模型开发者对模型基于不同的水流运动过程以及对模拟精度的验证来看,ANUGA 在不同干湿条件的溃坝、不同干湿条件崩塌式冲击水流、不同坡度的且不同厚度的坡面水流、海啸淹没、暴雨洪水等具有不同诱因、运动效果和水量的水流运动过程都有很好的模拟精度。同时在考虑水流过程受水文要素影响的情况下,如管道、围堰、隧道、桥梁、建筑物、湖泊、隆起地形等作用下模拟验证的也有很高的模拟精度。模型开发者将 ANUGA 与当前主流的二维水动力模型 HEC-RAS 进行对比验证时,模拟精度与 HEC-RAS 具有高度一致性(Mungkasi 等,2013;2015)。

4.2 地表与地下管网水流过程双向同步耦合建模方法原理

地表与地下管网水流过程双向同步耦合是指,城市雨洪过程发生时,在管网雨水口位置发生在垂直方向上的水流交换和运动过程以及出水口排水到地表的过程,是针对城市地下排水管网的水流交换问题,且交换过程发生在模型模拟的每个模拟步中。假定地表水流与地下水流交换主要通过入孔(包括雨水井、检查井、雨水箅等),设地表水位为 H_{Surf},设入孔水位为 H_{Mhole}。由于本章采用的是双向同步耦合的方法,需要考虑的垂直方向水流交换情景包括:(1)当 $H_{Mhole} < H_{Surf}$,在降雨量偏小或降雨初期排水能力充足,排水管线未出现溢流,地表水流通过地表入孔汇入地下排水管网的过程;(2)当 $H_{Mhole} \geqslant H_{Surf}$,即地表水汇入地下排水管网的水流过大,导致管网内部水流无法及时从排水口排出,而通过水流入孔溢流到地表的情

< 062 >

景;(3)地下排水管网系统汇入的雨水通过排放口排出到湖泊、沟渠等排水受纳体的过程。其中情景(2)和水流经排水口排出到地表过程都是指水流从管道流出地表,本章将其归为一类问题进行考虑(如图 4.1)。

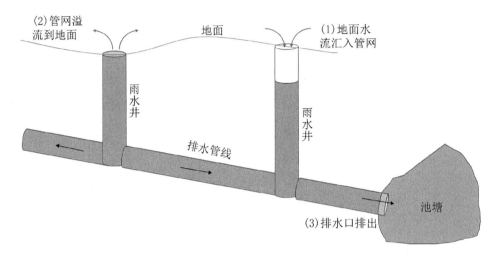

图 4.1　地表与地下管网水流交换情景示意图

4.2.1　地表水流经入孔出流

a. 出流量计算

地表水流经雨水口出流至管网的出流量计算分为两种情况。第一种是该雨水口有足够的空间受纳当前模拟步中雨水口对应地表区域的总水量,即雨水口对应的区域积水可全部汇入管网之中;第二种是该雨水口已经有一定的充满度,无法全部受纳当前模拟步中雨水口对应地表区域的地表水量,即该模拟步中雨水口对应地表区域部分水量可汇入该雨水井中,即可导致该雨水井充满。

第一种情况,可直接根据当前时间步的地表水位和积水面积,来计算地表水流经雨水口从地表流出到地下排水管网的水量。流出水量的计算表达式,如式(4-17)所示。

$$Q_s = A_m \cdot h / \Delta t \tag{4-17}$$

式中:Q_s 为单位时间雨水口引起的地表出流量,m^3/s;A_m 为当前地表雨水口的面积,m^2;h 为该雨水口所在位置当前模拟时间步的水深,m。

第二种情况,即雨水口对应的地表水量部分可汇入对应的雨水井中,其可流出的水量为雨水井的可受纳量,雨水井的可受纳量根据当前雨水井及下游管道的充满度进行计算,其计算表达式如式(4-18)所示:

< 063 >

$$Q_s = (A_m \cdot h_m + A_p \cdot l_p \cdot k_p)/\Delta t \tag{4-18}$$

式中：Q_s 为当前时间步雨水口引起的地表出流量，$\mathrm{m^3/s}$；A_m 为当前雨水井的横断面面积，$\mathrm{m^2}$；h_m 为当前雨水井考虑积水深度后的井深，m；A_p 为当前雨水井邻接出流管段的横断面面积，$\mathrm{m^2}$；l_p 为当前雨水井邻接出流管段的长度，m；k_p 为管段充满度系数。

b. 浅水方程源项修正

在浅水方程的计算过程，通过对连续方程源项的修正，将地表流出的流量在源项中进行减去。其计算表达式，可在式（4-15）基础上修正得到，如式 4-19 所示。

$$S = \begin{bmatrix} Q_R \pm q_S \\ gh(S_{0_x} - S_{f_x}) \\ gh(S_{0_y} - S_{f_y}) \end{bmatrix} + \begin{bmatrix} 0 \\ gh\,S_{b_x} \\ gh\,S_{b_y} \end{bmatrix} \tag{4-19}$$

式中：Q_R 为单位时间单位面积的降雨量，$\mathrm{m^3/s}$；q_S 为单位时间单位面积经地表流出的水量，$\mathrm{m^3/s}$，流出水量计算 q_S 为负号。地表水流经入孔出流的流场图，如图 4.2 所示。

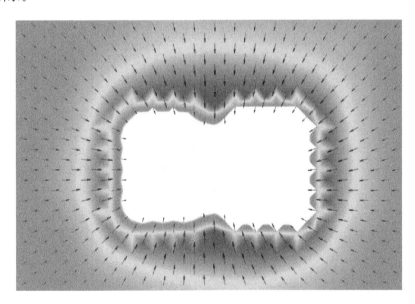

图 4.2 地表水流经入孔出流至管网的流场图

4.2.2 管道水流经入孔入流

在获取到 SWMM 模型的节点溢流量及出水口出流量后，在浅水方程中的计算过程，同样是针对连续方程的源项进行修改，将由管网溢流导致的地表入流的流

< 064 >

量增加在连续方程的源项中。其计算表达式,即在式(4-15)基础上修改得到,如式(4-19)所示,地表增加水量计算时,式中q_S为正号。管网水流经雨水口入流至地表的流场图,如图 4.3 所示。

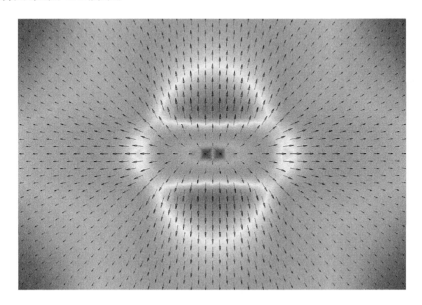

图 4.3 管网水流经入孔溢流至地表的流场图

4.2.3 建筑物屋顶水流汇入管网

经建筑物屋顶直接汇入地下管网的出流量计算,在本书第 3 章第 3 节所研究的面积平均法的基础上进行实现。其出流量的计算如式(4-20)所示。

$$Q_{MBlg} = Q_R \cdot Node_{ABlg} \tag{4-20}$$

式中:Q_{MBlg}为模拟时间步内建筑物屋顶经雨水口出水到排水管网的水量,m^3/s;Q_R为模拟时间步的降雨量,m;$Node_{ABlg}$为雨水口所分担的建筑物屋顶面积,m^2。

4.2.4 耦合下渗模型

ANUGA 模型目前还未提供地表水流下渗过程的计算模型,但在实际应用模拟中,地表水流下渗过程是不可忽略的水文过程。因此,本章通过修改源项的方式耦合了霍顿下渗模型(BAUER,1974)。增加了对下渗过程的计算,表达式如式(4-21)所示。

< 065 >

$$S = \begin{bmatrix} Q_R \pm q_S - Q_i \\ gh\,(S_{0_x} - S_{f_x}) \\ gh\,(S_{0_y} - S_{f_y}) \end{bmatrix} + \begin{bmatrix} 0 \\ gh\,S_{b_x} \\ gh\,S_{b_y} \end{bmatrix} \qquad (4-21)$$

式中：Q_R 为单位时间单位面积的降雨量，m/s；q_S 为经地表流出的出入流水量，m^3/s；Q_i 为单位时间单位面积的下渗量，单位 m/s。

霍顿下渗模型计算表达式如式(4-22)所示。

$$f = f_c + (f_0 - f_c)\,e^{-kt} \qquad (4-22)$$

式中：f 为入渗率，mm/h；f_c 为稳定下渗率，mm/h；f_0 为初始下渗率，mm/h；t 为时间；k 为与土壤特性有关的经验常数，用于反映下渗率递减效应。

4.3　ANUGA 和 SWMM 模型系统的耦合模拟机制

由于采用双向同步耦合的方式开展本章研究，SWMM 模型中的降水、地表径流、下渗等地表水流运动过程模拟模块并没有在本章的研究中进行使用。地表降水模块和地表水流过程的模拟和计算采用 ANUGA 模型完成。城市雨洪的初始过程是降雨及地表水流运动过程，因此，整个耦合模拟的主循环是放在 ANUGA 中进行，地表及地下水流交换发生在每一步模拟步长的循环控制内。

4.3.1　SWMM 模型封装及调用

本章采用 SWMM 模型为官方版 C 语言版，ANUGA 的计算程序和应用接口均以 Python 程序语言进行开发实现。本文采用简便有效的方式实现 ANUGA 对 SWMM 模型的调用和参数传递，该方法依赖于 Python 中的 Ctypes 模块。Ctypes 模块提供了 Python 和 C 语言兼容的数据类型和函数来加载 Windows 环境下由 C 语言开发和编译的动态链接库文件。

应用基于动态链接库调用的方法进行每个模拟步中水流交换，以此实现 ANUGA 与 SWMM 模型系统的双向同步耦合，基本流程如图 4.4 所示。具体实现过程所包含的流程为：

a. SWMM 模型中抽取 EXTRAN 管网输运模块，并实现流量交换接口（swmm_FlowExchange）。该接口用于接收由 ANUGA 模型计算得到的地表入流量，通过以数组的形式传输至 SWMM 模型中。同时，获取本次循环模拟步长中节点溢流量及出水口出流量，基于地址传递的方式返回到 ANUGA 模型当中。

b. 封装并导出 SWMM 模型的主要操作接口，供 ANUGA 模型进行调用，涉及的接口及主要功能包括：swmm_Open(inpFile, rptFile, outFile)，主要用于初始化

< 066 >

SWMM 模型,并传入 SWMM 模型所需要的配置信息和 EXTRAN 模块计算所需要的管网数据;swmm_Start(int),用于启动 SWMM 模型的模拟;swmm_FlowExchange(lstQin,lstQout,lstNodeDepth)用于接收从 ANUGA 中传入的入流量,以及返回给 ANUGA 所需要入孔的溢流量、当前模拟步的井深以及出水口的出流量;swmm_step()获取模型在当前模拟时刻的模拟状态,主要用于判断本次迭代计算是否出现异常;swmm_end(),swmm_report(),swmm_close()分别用于结束模型的模拟,生成 SWMM 模拟结果报告文件以及关闭 SWMM 模型。

　　c. ANUGA 模型基于 Ctypes 模块的 LoadLibrary 方法加载步骤 b 导出的 DLL 文件。C 语言无法直接识别 Python 的数据类型,相互调用中的参数传递,是通过 Ctypes 数据转换类型如 c_float、c_double 进行实现的,因此,所有的传输参数需要被定义为对应的数据转换对象。

　　d. 基于 ANUGA 加载并实例化的封装的 DLL 对象,调用 SWMM 模拟运行时的基本步骤,传输初始化参数文件执行模拟。ANUGA 的迭代计算函数中进行流量交换的操作,实现耦合模拟。

图 4.4　ANUGA 与 SWMM 模型系统耦合步骤

4.3.2　ANUGA 模型的入流与出流操作对象的实现

　　在基于浅水方程的水动力计算中,水量平衡和动量守恒是保证模型计算精度的重要原则,ANUGA 模型中每次迭代计算中也涉及了大量的守恒计算。因此,如果直接基于修改计算网格水动力参数(如网格节点/中心的水深、网格节点在 X 方向或 Y 方向的流速、网格节点在 X 方向或 Y 方向的流量等)的方式对地表水流的增加和减少进行操作,将会导致 ANUGA 模型进行大量的迭代计算去处理模型守恒性,也会容易引起模型的模拟计算失败。如 4.1.3 节所述,ANUGA 模型系统基于面向对象的方法,设计了操作对象层 Operators 和 Structures,用于支持浅水方程核心计算之外的其他水流模拟过程操作,以保证模型系统的可维护和扩展性和模型内部计算的稳定性。

　　本节遵守 ANUGA 模型系统的这一系统架构设计特点,设计开发了地表水流出流至管网的操作对象(manholeout_operator)和管网水流溢流或出流至地表的操作对象(manholein_operator)。两种操作对象的计算方法,分别基于 4.2.1 和 4.2.2 所介绍的计算原理进行开发实现。manholeout_operator 所涉及的输入参数包括:操作入孔的中心坐标(x,y)、入孔的长度(m)、入孔的宽度(m)。manholeout_operator 用

< 067 >

于计算某个入孔在当次迭代过程当中的水流损失量,用于作为入流量传入 SWMM
模型当中。manholein_operator 用于模拟从入孔溢流或排水口排除的水流在地表
水的初始过程,涉及的参数包括出流量 Q、出流孔多边形边界。manholeout_
operator 和 manholein_operator 都设计了设置工作状态的操作接口 set_
workStatus(bool),用于控制该对象器是否继续运行,如:当入孔出现溢流时,水流
入流的操作对象就应该停止工作直至溢流消失;当水流溢流结束时,水流溢流到地
表的操作对象也应该停止工作。在本章实现的案例模拟程序中,每个入孔对应一
个水流出流操作对象,在模拟初始步骤中进行初始化;每个出水口对应一个地表水
流入流操作对象,也在模型初始步骤中进行初始化;用于操作入孔溢流的操作对象
则在该入孔发生溢流时动态添加和配置。

4.3.3 以 ANUGA 模型为主控的双向同步耦合模拟流程

耦合模拟所需要的数据预处理、模拟初始化工作在以模拟步长为单位的迭代
计算开始之前执行。ANUGA 模型与 SWMM 之间的入流、溢流和出流过程涉及
水量交换,在每一个模拟步长的迭代中进行执行,模拟流程图如图 4.5 所示。包含
的流程为:

a. 加载模拟情景。用于获取模拟情景输入输出文件配置信息、模拟情景使用
的离散网格及模拟区域边界坐标、加载地下排水管线相关数据。

b. 设置初始参数。设置初始参数类型主要包括,不同区域的曼宁系数、土地
利用类型、降雨量等。

c. 设置边界条件。用于设置边界水流的运动方式,Dirichlet 边界条件支持水
流的流出、Reflective 边界条件则将模拟区域的边界视为固体边界。

d. 初始化 SWMM 模型,主要通过 Python 调用本章第 3.1 小节中所描述的
SWMM 所提供的相关操作接口,用于初始化和启动 SWMM 模拟。

e. 初始化出流和入流操作对象,指的是初始化由本章第 3.2 小节中所设计和
开发的、用于计算地表水流受排水管网入孔所影响而产生的地表水流损失,即地表
水流出流以及计算由 SWMM 排水口排水及水流入孔溢流到地面的水流。

f. 主循环内执行地表水流、地下管网水流及水流耦合交换的演算过程,循环次
数由模拟时间步长和起止时间决定。计算的主要内容包括:1. ANUGA 的二维浅
水方程计算,用于模拟地表水流的流速、流量、流向在某一时刻内的变化过程;2. 以
入孔为循环变量的地表水流出流计算循环,基于地表水流出流操作对象,计算模拟时
间步内水流的出流量,用于输入到 SWMM 中作为这一模拟步中该入孔的入流量;
3. 调用 SWMM 水量交换接口,传入水量入流量并获取上一时刻的水流溢流和出
流量;4. 调用 SWMM 模拟步执行函数,执行与 ANUGA 模拟步长相同的模拟
计算;5. 以节点为循环变量的 SWMM 溢流至地表水流处理,基于本章所开发的地

< 068 >

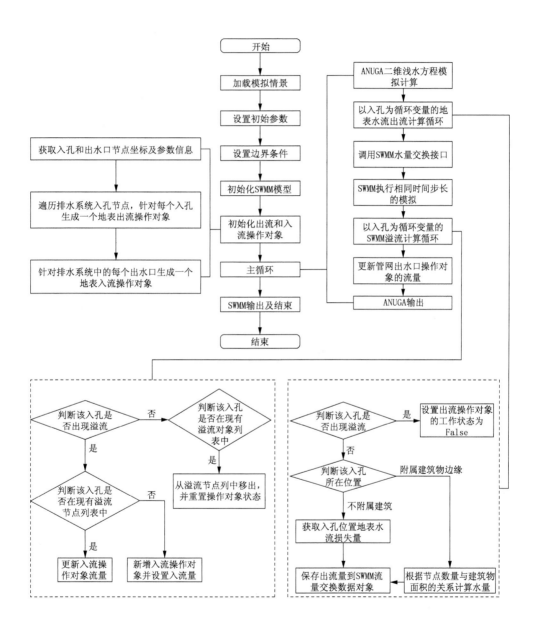

图 4.5　以 ANUGA 模型为主控的耦合模拟流程

< 069 >

表水流入流操作对象,将获取到的管网入孔溢流量添加到地表作为地表入流,位置与溢出孔的位置相同;6. 更新管网出水口操作对象的流量,将本次循环获取到的出水口出流量添加到地表作为地表入流;7. ANUGA 输出,是指本次迭代计算完成,ANUGA 模型执行本次模拟结果的输出,包括模拟范围内水深、径流量、各计算单元的流量流速等信息以及本书研究中开发完成的湖泊、道路、下渗区域等特殊水文要素在不同时刻的流量数据。

g. SWMM 结束及输出。执行 SWMM 相关操作接口,结束模拟并保存 SWMM 模型涉及的输出内容。

h. 结束耦合模拟,生成模拟日志。

4.4 应用案例

结合实际情况,本章将基于 ANUGA 和 SWMM-EXTRAN 的耦合模型应用于南京师范大学仙林校区东区和西区,用于验证耦合模型的模拟精度和应用能力。

4.4.1 实验区域概况及基础数据

南京师范大学仙林校区位于南京市栖霞区,栖霞区属于南京市主城区范围内,该区地形起伏度较大,区域范围内分布着部分未经城市化开发的低山、丘陵、湖泊等自然景观。该区域属于亚热带温润气候,据统计该区域年平均降雨量为 1 106 mm,常年平均降雨 117 d(徐慧珺,2017)。研究区域南京师范大学仙林校区东西区位于栖霞区中南部,该区域地势起伏度较大。研究区域包括山丘和城市化开发区域,城市化区域相对较为平坦,山丘延西北向东北方向延伸。研究区域内的山丘位于城市化区域北部,该区域具有明显的流域划分条件,有利于边界条件设置,地形高程从北部到南部呈逐渐减少趋势。划分的流域范围几乎不会受到来自邻近区域的外部入流的影响。研究区域内涉及的影响水流过程的水文要素包括地形、建筑物、道路、不同地表覆盖类型、池塘沟渠、地下排水管线、排水管网入孔、出水口。研究区域总面积约为 772 540.52 m²,其中透水面积 425 220.11 m²,透水面积与不透水面积约占总面积的 55% 和 45%,研究区域内的建筑物目前没有采用绿色屋顶等低影响开发措施进行建设和改造,因此,研究区域内的建筑物均为不透水区域。研究区域地理位置及概况,如图 4.6 所示。

研究所使用的数据包括基础地理信息数据、排水管网专题数据以及降雨量数据,数据列表及基本信息如表 4.1 所示。

< 070 >

图 4.6   研究区域地理位置及概况

表 4.1   研究区域数据概况表

大类	数据类型	数据格式（几何类型）	数据精度	包含属性	数据来源
基础地理信息数据	地形	DEM	1m×1m	高程值	南京市测绘勘测研究院
	建筑物	Shapefile（Polygon）	比例尺 1：1 000	建筑物名称、用途等	南京市测绘勘测研究院
	道路	Shapefile（Polygon）	原始地图比例尺 1：500	道路名称、长度、用途等	手动矢量化
	池塘及沟渠	Shapefile（Polygon）	比例尺 1：1 000	名称	南京市测绘勘测研究院
	土地利用	Shapefile（Polygon）	比例尺 1：1 000	土地利用类型	南京市测绘勘测研究院

< 071 >

大类	数据类型	数据格式（几何类型）	数据精度	包含属性	数据来源
排水管线数据	节点	Shapefile（Point）	比例尺 1∶1 000	节点高程、节点类型、井深等	南京师范大学
	管段	Shapefile（Line）	比例尺 1∶1 000	管段名称、上下游节点、糙率系数等	南京师范大学
	出水口	Shapefile（Point）	比例尺 1∶1 000	出水口名称、高程等	南京师范大学
气象数据	降水资源	TXT 文件	每 5 分钟	时刻、降雨量	江苏省气象服务中心

（1）基础地理信息数据包括：数字高程模型（DEM）、道路面状矢量数据、建筑物面状矢量、土地利用类型、池塘及沟渠面积矢量数据。其中除了道路面状数据基于配准栅格地图基础之上，采用手动矢量化生产以外，其他数据均从南京市测绘勘测研究院获取。

（2）排水管线数据包括：雨水管网管段、雨水管网节点、出水口。研究区域共有雨水节点 2 690 个，雨水管段 2 692 条，排放口 14 个（其中 5 个排放在研究区域内部的湖泊池塘中，其余 9 个排放口位于研究区域边界外侧的沟渠中）。2 690 个节点中包含进水口 42 个，探测点 706 个，雨水篦 955 个，雨水井 966 个，预留口 18 个，闸阀 3 个。在模拟中只使用进水口、雨水篦、雨水井及部分探测点四种类型的节点作为 SWMM-EXTRAN 的可入流和可溢流节点。本实验区域的进水口与明渠或阴沟相连，但目前没有获取到明渠或阴沟的数据，因此进水口概化为普通地表雨水口。雨水篦主要分两种，经实地测量，沿主干道路的雨水篦长宽约为 75 cm×50 cm，次干道路及建筑物周边的雨水篦长宽约为 45 cm×30 cm。雨水井及部分探测点的可入流和出流的面积相对较小，本书将其统一概化为 4 cm×4 cm。其中节点的属性数据包括：节点名称、节点内底标高、井深、节点高程、模拟时刻开始的水深、地表积水的面积；管段的属性数据类型包括：管渠名称、上游节点名称、下游节点名称、管渠长度、曼宁糙率系数参考值、上游端偏移量、下游端偏移量、模拟开始时管渠中的水量、管渠水道损失系数、横断面形状、横断面的高度、渠道进口形状、并联管道总数；排放口包含的属性包括：排放口名称、内底标高、是否存在拍门（防止逆流）。研究区域排水管网专题数据概况，如表 4.2 所示。

表 4.2 研究区域排水管网数据概况表

类型	数量(个)	主要属性参数
进水口	42	节点名称,节点内底标高,井深,节点高程,模拟时刻开始的水深,溢流时允许积水面积,几何形状,面积,长度或宽度,直径
雨水篦	955	
雨水井	966	
预留口	18	
闸阀井	3	节点名称、节点内底标高、井深、节点高程、模拟时刻开始的水深
探测点	706	节点名称、节点内底标高、井深、节点高程、模拟时刻开始的水深
排放口	14	排放口名称、内底标高、是否存在拍门
管段	2 692	管渠名称、上游节点名称、下游节点名称、管渠长度、曼宁糙率系数参考值、上游端偏移量、下游端偏移量、模拟开始时管渠中的水量、管渠水道损失系数、横断面形状、横断面的高度、渠道进口形状、并联管道总数

(3) 降雨量数据:本次研究案例使用的降雨量数据由江苏省气象服务中心提供,该数据采集于位于南京师范大学仙林校区校园内的气象观测站。数据时间间隔为 5 分钟。本案例模拟使用的数据时间段为 2016 年 7 月 1 日上午 6:00~8:00之间,该时段内研究区域总降水量为 55.9 mm,平均降雨强度为 27.95 mm/h。降雨时间序列如图 4.7 所示。

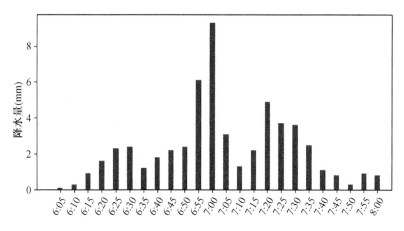

图 4.7 模拟时间段降雨时间序列

4.4.2 耦合模拟实验设计

基于本章 4.1 节所介绍的基础数据,进行模型的耦合模拟配置工作,用于测试

< 073 >

耦合模型的模拟效果。

(1) 边界条件与初始条件设置

由本章 4.1 可知,研究区域由北向南地形高程呈逐渐降低的趋势,以研究区域北部山脊线分水岭和研究区域外边界为流域边界划分流域,可保证该范围内部不受外界入流的干扰,研究区域边界的划分采用手动完成。水流在研究区域边界,被处理成自然流出的边界条件。本书研究的出发点为要素异质性,根据实际情况,将建筑物要素考虑成固体边界,水流在流到建筑物轮廓边界时被墙体阻挡。边界条件的设置如图 4.8 所示。

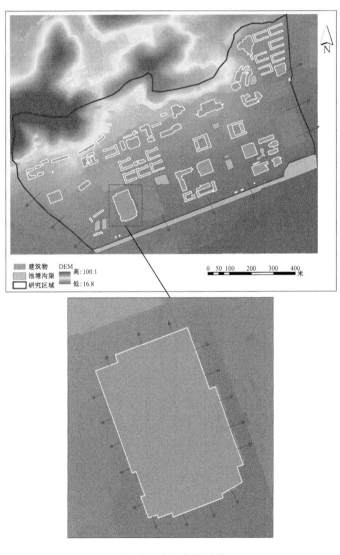

图 4.8　边界条件设置

< 074 >

本次模拟的初始条件为本章 4.1 节所提到的降水数据,基于 ANUGA 提供的降雨操作对象实现将自然降雨作为初始条件。其中,获取的降雨量间隔为 5 分钟,但实际模拟过程中模拟步长远远小于 5 分钟,因此,降雨量根据模型设置模拟步长进行了时间尺度的转换。时间尺度的转换基于本书第 3 章研究的数据适配程序中降雨量时间尺度转换函数实现。

(2)空间离散

基于本书第 3 章所研究的数据适配及空间离散方法完成本模拟案例的空间离散部分的工作。在地表空间离散方面,采用了不同的网格分辨率进行不同地形及要素的离散处理,其中道路区域的离散分辨率为 2 m;建筑密集区域地面及广场的分辨率为 5 m;其他区域的分辨率为 30 m。但从实际的离散结果来看,为了保证三角形网格的质量,如:边长和角度尽量均匀,其离散结果的网格平均面积明显小于离散分辨率系数。在建筑物的离散方面,将建筑物离散成为区域内部空洞(Interior hole),建筑物边界作为格网内部空洞的边界。此外,在地表空间的离散过程中也采用要素异质性边界清晰离散的方法反应要素的空间异质性,要素的边界能在离散网格中得到精确的反映。地表空间离散产生的三角形网格总数为 98 849 个。地下排水管网数据根据本文第 3 章中的数据适配工具进行自动转换得到。经调查,研究区域内部的建筑物屋顶雨水大部分是通过邻接管道直接流入地下排水系统,因此,模拟中直接将屋顶的降雨量作为管网流量,平均分配到建筑物邻接的排水管网节点中。研究区域的地表空间数据和排水管网数据的离散结果如图 4.9 所示。

图 4.9 地表空间离散和排水管网数据转换结果

< 075 >

（3）参数设定

在 ANUGA 和 SWMM 模型中需要设置的主要模型参数包括：不同地表类型的曼宁糙率系数、管道的曼宁糙率系数以及霍顿下渗模型的相关参数。本次模拟借鉴前人研究成果，进行参数设定（徐慧珺，2017；Chen 等，2018）。模型参数设定结果如表 4.3 所示。

表 4.3　模型参数设定

参数	类型	设定值	单位
曼宁系数	透水区域	0.24	$s/m^{1/3}$
	不透水区域	0.011	$s/m^{1/3}$
	管道	0.013	$s/m^{1/3}$
	池塘沟渠	0.025	$s/m^{1/3}$
霍顿下渗模型参数	最小下渗率	3.5	mm/h
	最大下渗率	75.5	mm/h
	衰减常数	3.35	1/h

模拟变量控制有关的参数设定方面，为了尽可能地避免 SWMM 模型的连续性错误，ANUGA 模型的模拟步长为 1 秒，SWMM 模型的模拟步长同样为 1 秒，使得 ANUGA 模型与 SWMM 模型之间的水量交换为每秒一次，SWMM 模型的管网输运模块的演算方式为动力波（DYNAMICWAVE），其他模拟参数如起止时间，均与模拟情景所采用的降雨事件时间段一致。

4.4.3　模拟结果积水范围验证与讨论

模拟结果积水范围验证，如图 4.10 所示。由于南京师范大学仙林校区地形条件优势及排水设施良好的排水能力，研究区域在模拟时段的观测中并未出现大面积水的情况。图中 4.10 中编号为 A 和 B 的区域为观测到的大致积水范围，编号为 C、D、E、F、G、H 的区域为南京师范大学仙林校区内部的游泳池、景观水池。

从图 4.1 中对标号为 A、B 观测到的淹没范围的对比分析可知，模拟结果大致反映了研究区域存在部分积水的范围。此外，在没有精确的流量监测数据进行对比验证的情况下，模拟结果能清晰地反映研究区域的池塘、湖泊、沟渠水量增加情况，并能充分反映池塘、沟渠的轮廓，这也从另外一个角度反映了耦合模型的模拟精度。对于 A 处所存在的部分积水区域，本文研究结果与徐慧珺（2017）的研究结论一致，模拟结果中该区域并未出现任何节点的溢流，积水是由于该区域地势低洼，且雨水井设置在路沿两侧，雨水井高出道路水平面。此项对比分析也进一步证明了，顾及要素异质性的水动耦合模型模拟能弥补完全依靠 SWMM 模型的不足。

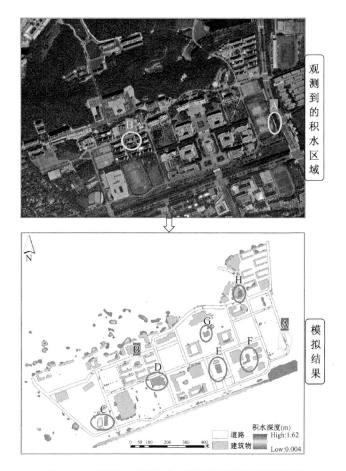

观测到的积水区域

模拟结果

图 4.10　基于 ANUGA 和 SWMM 的耦合模拟结果

　　但从淹没范围的模拟结果来看,本书中的耦合模型模拟结果依然存在明显的不足之处。模型在建筑物边界存在着大量非正常积水,如图 4.11 所示。导致这一现象的主要有两种类型。其中第一种类型如图 4.11(A)所示,其建筑物周边为坡度变化较大的悬崖式地形,如果只是基于精度为 1m 分辨率的 DEM 和离散网格来考虑该区域的地形异质性,是难以满足模拟的要求的,因此,该区域需要根据水力学计算特性进行特殊处理;此外,由于数据缺失,该区域建筑物周边的阴沟要素也没有参与模型的模拟当中。图 4.11(B)中出现的非正常积水现象,主要是因为该区域排水基础数据的缺失。经实地调查发现,该建筑内部边界邻接分布着宽度约为 22 cm 的排水沟。此外,图 4.11(A)、(B)两处异常模拟结果均受到建筑物的特殊边界情况影响,如图 4.11(B)的建筑物内部形成了空洞,模拟时导致水流汇集,且建筑物周边的排水沟数据缺失,没有参与计算。其他地方的异常积水主要受高

< 077 >

分辨地形所产生的洼地的影响。

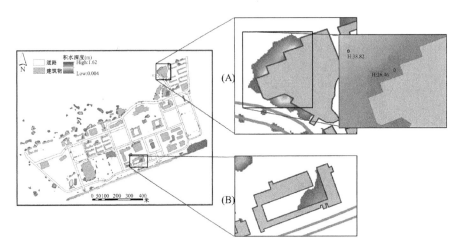

图 4.11 部分异常积水区域

4.4.4 基于要素的统计结果分析与讨论

（1）节点溢流情况分析

本次模拟实验中，研究区域内仅有节点编号为 5Y386 和编号为 3Y688 的节点出现溢流的情况，且整体溢流量偏小，总溢流量约为 4.580 4m³。其中，溢流量主要集中在节点 5Y386 处的总溢流量为 4.58 m³，3Y688 总溢流量仅为 0.000 4 m³。两个溢流点位置如图 4.12 所示。

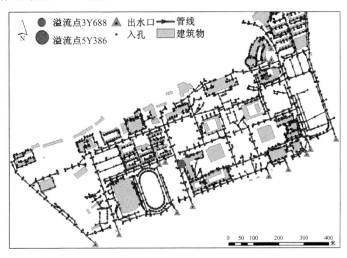

图 4.12 溢流点位置示意图

< 078 >

经查看原始数据,发现节点 5Y386 在管网数据中是研究区域的下游端点,造成溢流的情况与该节点在管网中的布置方式有关系,该节点与管段及节点的关系如图 4.13 所示。

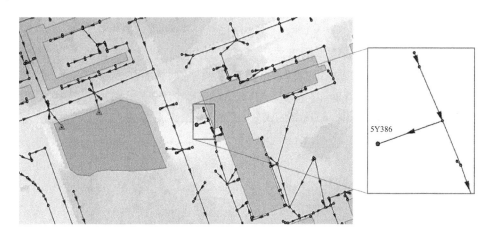

图 4.13　节点 5Y386 与上游管段及节点的关系

徐慧珺(2017)完全基于 SWMM 模型对本次暴雨事件进行了模拟,研究中所出现的部分节点溢流情况,是由于其在概化处理过程中,将位于图 4.14 所示的两个出水口(编号为 5Y827 和 5Y97)进行了删除处理,导致其研究结果中上游部分节点出现溢流的情况,在本书的模拟中并未出现这些节点溢流。

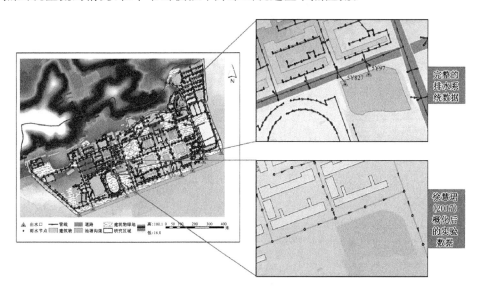

图 4.14　完整管网数据与概化后的管网数据对比

< 079 >

为了进一步分析徐慧珺(2017)以及 Yang 等(2018)在同一区域研究中将出水口 5Y827 和 5Y97 删除后的模拟情景对模拟结果的影响。本文也在汇水功能区划分的基础上,用完整的 SWMM 模型以及没有对出水口 5Y827 和 5Y97 进行概化的完整的排水管网数据进行了模拟。出水口 5Y827 和出水口 5Y97 上游节点并未出现溢流情况。但基于完整 SWMM 模型模拟的结果中,出现溢流的节点数量比本书耦合模型模拟结果所产生的溢流数量更多,共计 51 个。溢流点的出水口位置,如图 4.15 所示。造成 SWMM 模型溢流点更多的原因,是 SWMM 模型基于汇水功能区处理地表径流的计算时,将地表下渗后的地表水流完全汇入管网节点中,无法演算沿道路或其他区域流出模拟边界的水量,导致 SWMM 模型总入流量更大。

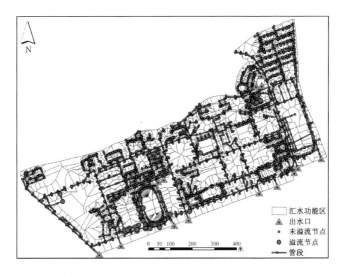

图 4.15　完全基于 SWMM 模型模拟的溢流点

(2) 流量数据分析

a. 总水量分析

本次模拟中地表水流从雨水井汇入排水系统的总流量约为 23 712.49 m³,其中经地表水流流入管网的流量为 19 254.04 m³,经建筑物的排入管网的入流量约为 4 458.45 m³。模拟结果产生的总排水量约为 23 272.14 m³,其中排往研究区域内部两处池塘中的排水量约为 4 722.48 m³。

表 4.4　主要流量数据

名称	出流至管网总流量	经地表出流至管网流量	经建筑物出流至管网流量	管网出水口总排水量	区域内部池塘出水口总排水量	总下渗量	总溢流量
水量(m³)	23 712.49	19 254.04	4 458.45	23 272.14	4 722.48	13 241.17	4.58

< 080 >

本研究划定的研究区域总面积为 772 540.5 m²,可计算得到,由降雨产生的总水量为 43 185.01 m³。本书模拟中最后时刻地表总径流量为 7 782.5 m³。因此,出流至管网总水量、总下渗量、最后时刻地表总径流量之和减去排出到内部池塘的水量和溢流量约等于 40 009.1 m³。可以大致推测出,有 3 175.92 m³ 的水量经地面流出到外边界。但地表自然流出到边界外的数值并不是准确的,因为水流在内部通过管网有入流和出流的重复现象、同时区域池塘的水也有溢出现象,这些过程中的水量存在着难以计算的重复运动过程。

b. 地表和池塘内部总水量

地表径流量和池塘内部水量变化情况如图 4.16 所示,地表总水量的变化曲线与降雨曲线高度吻合且动态变化。由于地表水流的积累效应,最高峰出现在 1 小时 33 分处,即第 5 580 步。池塘湖泊总水量的峰值点为模型模拟最后时刻,说明池塘湖泊的水量一直处于增加状态。

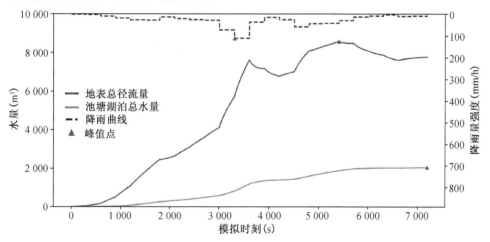

图 4.16　地表径流量和池塘内部水量变化情况

c. 地表、建筑物出流至管网以及下渗水量分析

经地面出流、经建筑物出流至排水系统以及下渗的流量时间过程线如图 4.17 所示。由于降雨数据为每 5 分钟一次,采用平均分配法进行降尺度处理以满足每秒为一个模拟步长的需要,因此,存在少部分时刻出现地表汇入量较前后时刻变化较大的情况。从图中可知,地表出流量与降雨过程线高度吻合。由于建筑物的汇入采用直接将雨水按面积分配作用对应节点的入流量,因此建筑物汇入水量曲线与降雨曲线完全吻合。可下渗区域的下渗量变化相对平缓,且最后阶段其下渗量超过了管网的水流量,主要原因是模拟时间段后期地表主要积水在可下渗区域。

d. 道路、可下渗区域以及其他不可下渗区域总径流量

道路、可下渗区域以及其他不可下渗区域总径流量对比图,如图 4.18 所示。

< 081 >

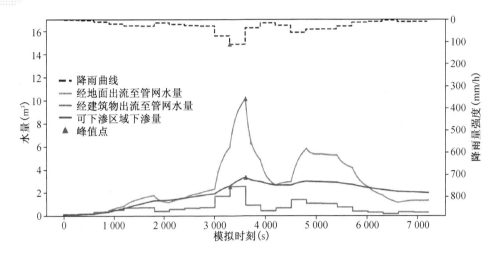

图 4.17 经地面出流和经建筑物出流的流量时间过程线

图中可见,可下渗区的总径流量比道路和不可下渗区域的总径流量要大很多;并且可下渗区域的总水量受降雨强度影响较大,道路区域影响较小。主要由于排水系统入水口大量集中于道路两侧,并且本次模拟溢流节点只有两个,所以道路的积水并不多。可下渗区域的水流摩阻系数较大,也是可下渗区域反而积水更多的原因。其他不可下渗区域主要是硬化广场、运动场等,其地势较为平坦,管网出水口分布较少,所以其地表存在一定量的积水。

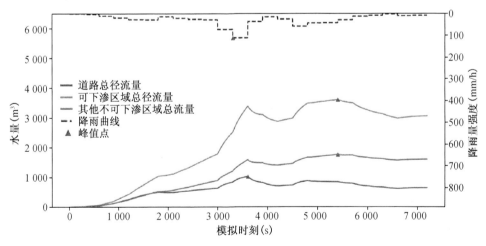

图 4.18 道路、可下渗区域以及其他不可下渗区域总径流量对比图

（3）地表水流强度分析

本次模拟中由降雨引起的地表积水普遍较浅,水流强度不大,水流强度较大区域主要集中在排水口的位置,其他区域的地表水流强度相对很少,具体效果如图

< 082 >

4.19 所示。图中模拟时刻为第 3 710 秒,在该时刻出水口 3Y120 的出流量为 1.209m³,3Y107 的出水流量为 1.02 m³,3Y0890 出水口的出流量为 0.104 m³,3Y0890 出水口较少的原因是其上游节点及涉及面积相对于出水口 3Y120 和 3Y107 少很多。

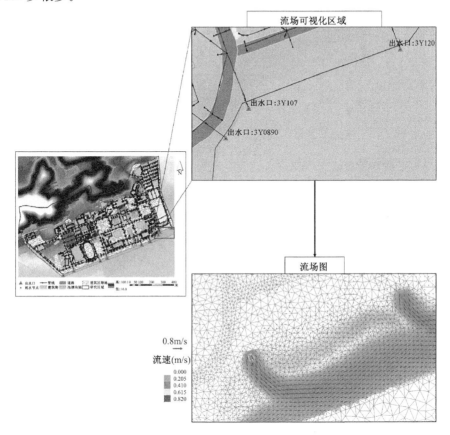

图 4.19　主要出水口处的流场图

4.4.5　基于不同模型的淹没范围对比分析

本节基于本书所涉及的三个水动力模型,即 SWMM 模型、ANUGA 模型以及提出的耦合模型进行对比分析。降雨事件仍采用本章所使用的降雨事件进行模拟,分别就三个模型输出的结果中的淹没范围进行对比分析,在实验方案中,SWMM 模型和 ANUGA 模型的模拟步长均为 1 秒,与耦合模型相同。

本书所使用的 SWMM 模型的地表汇水功能能区划分,主要基于 GIS 相关的数字地形分析算法,以自动化汇水功能区划分为主,并结合手动修正的方式进行生成。SWMM 模型的参数采用徐慧珺(2017)的参数率定结果,参数设定如表 4.5 所示。

< 083 >

表 4.5　SWMM 模型的参数设定

数据类型	参数名称	设定值
子汇水区	透水区域曼宁系数	0.9
	不透水区域曼宁系数	0.008
	不透水区洼地蓄水量	4 mm
	透水区洼地蓄水量	6 mm
	池塘、沟渠曼宁系数	0.025
	最小下渗率	3.5(mm/h)
	最大下渗率	75.5(mm/h)
	衰减常数	3(1/h)
管段	曼宁系数	0.015
	损失系数	0.2

此外,为了使 ANUGA 模型不受网格分辨率的影响,ANUGA 模型和本书的耦合模型所使用的网格分辨率一致。基于 SWMM、ANUGA 以及本书的耦合模型模拟结果如图 4.20 所示。

从图中可以看到,基于本书所提出的耦合模拟模型的积水区域,相对于 SWMM 来说,更加接近真实的区域。另一方面,由于考虑了排入湖泊区域的排水口,所以内部湖泊的水位相对于只考虑地形来说更高。基于要素异质性的空间离散网格的模拟结果,对要素的边界刻画也更为合理。基于 ANUGA 的模拟模型在地表上呈现的破碎度相对较高。但由于 ANUGA 模型的模型结构、参数的作用与 SWMM 模型存在很多不同之处,再加上模拟中的其他诸多的不确定性因素,如汇水区划分等。因此,本书不对应用 SWMM 模型模拟结果与本书所建立的耦合模型的模拟结果进行更为深入的对比分析。

4.5　本章小结

本章在介绍了 ANUGA 模型与 SWMM 计算原理基础之上研究了城市地表与地下水流过程耦合模拟方法,主要从耦合建模方法原理方面和模型系统耦合模拟两个方面展开研究。在满足水量平衡与动量守恒的基础上,遵循 ANUGA 模型系统架构和编程风格,结合 SWMM 模型水流交换接口设计,实现两个模型系统的双向同步耦合模拟。为了满足不同输入条件及多种水流交换情景模拟的需要,在 ANUGA 模型中添加了相关的计算方法和功能接口,并以 ANUGA 模型所提供的

< 084 >

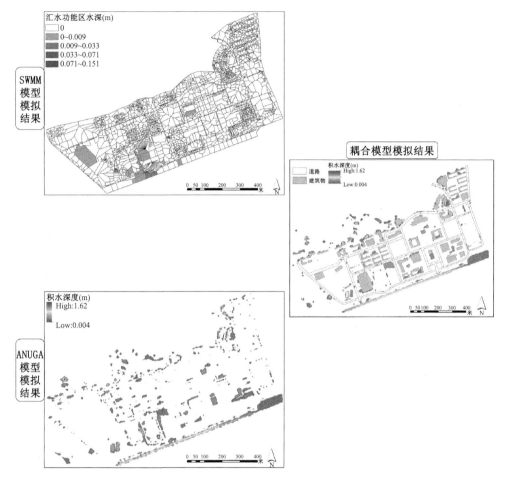

图 4.20　不同模型模拟结果中的淹没面积

模型开发模式进行了实现,使得相关演算程序和耦合模拟方法完整地融入了ANUGA 模型系统的计算体系之中。

　　基于典型研究区域的耦合模型案例应用研究表明,该模型能很好地模拟研究区域内因为暴雨降水所引发的地表积水区域,模拟结果与观测区域基本相符。同时,顾及要素异质性的建模与模拟方法,能很好地揭示不同要素类型对雨洪过程的影响,包括:湖泊、池塘的地表径流受纳情况,地表总径流量的变化情况,雨水经不同基础设施汇入排水管网的情况以及地下排水管网的作用等,为后期的基于要素的综合影响分析研究提供了必要的模型支撑。在与单独依靠 SWMM 模型和ANUGA 模型的对比分析发现,本书研究的耦合模型的模拟结果能更好地反映研究区积水范围及要素相互作用的机制。

< 085 >

第 5 章

基于要素的城市雨洪过程情景
分析和时空特征研究

本书第 3 章和第 4 章分别研究了基于要素的耦合模型数据适配及空间离散方法以及城市地表与地下管网水流过程双向同步耦合方法。解决了顾及要素异质性的城市雨洪过程建模及模拟的主要技术和方法性问题,为揭示不同要素对城市雨洪过程的影响和时空特征研究提供了技术支撑条件。本章在基于设计暴雨的实验条件下,运用情景分析和 EOF 分析法,分别对不同要素对城市雨洪过程模拟结果的影响机制和反映排水管网运行状态的关键要素时空特征分析方面展开探索性研究。具体的分析和研究内容主要分为两个方面:1. 基于情景分析的不同要素对地表总径流量及地表积水深度和积水范围的影响研究;2. 基于 EOF 分析法的管网节点入流及溢流时空变化特征分析。

5.1 基础实验设计

本章所使用的实验区域和基础数据与第 4 章应用案例部分所使用的实验区域和基础数据完全相同。由于我国多数城市往往以百年一遇的城市防洪标准为城市防洪工程建设和发展的目标(陈引川等,1998;何玉良,2005)。因此,本章采用百年一遇的设计降雨数据作为模拟实验的降雨输入数据,采用广泛使用的芝加哥雨型法生成降雨时间序列,降雨强度公式如式 5-1 所示,公式来源于 2014 年版南京市暴雨强度公式(修订)查算表。

$$q = \frac{10\ 716.7 \times (1 + 0.837 \times \lg(p))}{(t + 32.9)^{1.011}} \tag{5-1}$$

基于芝加哥雨型生成的两小时降雨事件的降雨量共计 127.5 mm,降雨峰值设置为 0.3,即第 36 分钟为降雨峰值最大的时刻,降雨时间序列如图 5.1 所示。

< 086 >

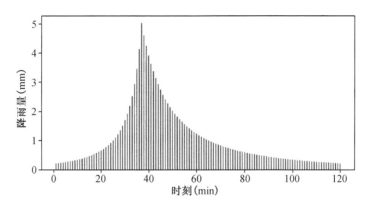

图 5.1　百年一遇设计暴雨降雨过程线

　　本章涉及的所有实验的模拟时间为 2 小时,模型模拟所涉及的参数与第 4 章应用案例中所用的参数相同,可见表 4.2。

5.2　基于情景分析的要素对地表总径流量及积水影响研究

5.2.1　情景分析方法介绍与模拟情景设计

　　(1) 情景分析法介绍

　　情景分析法是根据研究目标的需要,基于某种假定情景的前提下,模拟可能出现的情况或对引起的后果做出模拟推演的分析方法。可用来对现象或对象的未来发展做出种种预测性设想或预计情景,是一种融定性和定量于一体的分析方法(岳珍等,2006;许小娟等,2017)。近年来,情景分析方法被广泛用于城市防洪规划及洪涝灾害风险管理的相关研究当中(师鹏飞等,2014;Wu 等,Huang 等,2017)。从应用意义层面上来看,情景分析可通过某种假定情况下的模拟情景,分析其假定情景下的各类因素对事物发展过程和结果的影响,是支撑因果(What-if)分析的重要方法(岳珍等,2006;Peng 等,2018)。情景分析的特征和内涵与城市洪涝问题的研究有很好的可结合性。在现实情况下,城市的洪涝问题受多种水文要素的影响和作用,这些作用于城市洪涝的水文要素大部分又是具有不同用途的人工基础设施。城市洪涝灾害的发生与人类对环境的改造,有直接的因果关系;另外一方面,用于城市雨洪管理的基础设施建设,对城市洪涝灾害改善与治理也有着直接的因果关系。由此可见,情景分析法是揭示城市水文要素与洪涝过程的因果联系的有效分析方法。

　　(2) 模拟情景设计

　　城市环境中不同类型的基础设施,是人类从城市发展的角度对自然环境进行

< 087 >

改造的具体工程措施。不少学者,将日益严重的城市洪涝问题归结为对自然环境改造的不合理,如:海绵城市、水敏性城市等理念,都倾向于以恢复自然下渗的方式来解决城市洪涝问题,但这些观点主要建立在定性分析基础之上的。本书通过情景模拟分析的方法,基于定量分析研究方法,分析城市主要水文要素对雨洪过程的影响和作用机制。具体的实验方案和策略为,假定某种类型要素不存在的情景下,分析该类要素的影响。具体措施为,如果该要素原本为可下渗地表,则改为不可下渗状态;反之,如果该要素原本为不可下渗要素,则改变为可下渗地表,且离散网格也不再考虑被忽略要素的边界特征及其他异质性特征。基于上述设计,运用情景模拟和对比分析方法,综合性定量分析和认识不同要素对城市雨洪过程影响和作用机制。

为了提高模拟实验的执行效率,本书的多情景模拟分析研究采用计算机多进程技术,用于支持同时进行多个情景的模拟。基于多进程模拟的技术方案下,需要对不同情景的输入网格文件、各类属性配置文件、输出文件等进行分别处理。各情景模拟的相关文件是基于该情景所包含要素类型英文单词的首字母组成的代码进行命名。其中,地形(Topography)用字母 T 表示、可下渗地面(Permeable)用 P 表示、不可下渗地面(Impermeable)用字母 I 表示、排水系统(Sewer)用字母 S 表示、土地利用类型(LandUse)用字母 L 表示、建筑物(Building)用字母 B 表示、道路(Road)用字母 R 表示、池塘(Pond)用字母 P 表示。以这些代表字母进行组合编号,用于命名不同模拟情景的相关文件,如:某一情景考虑的要素包括:地形、排水系统、土地利用类型、建筑物、道路、池塘,该情景的模拟文件以"T-S-L-B-R-P"为文件名起始字符串。

结合研究区域所涉及的基础设施类型,共设计了 8 种模拟情景,如表 5.1 所示。模拟情景 1 和模拟情景 2 分别将区域考虑为全部可下渗区域和全部不可下渗区域,假设其处于完全自然的状态和地表完全被开发为硬化地面状态,用于作为对比分析的参考;情景 3 考虑地形、排水系统、土地利用类型、建筑物、道路、池塘全部要素,是反映研究区域真实状况的一种模拟情景,与本文第 4 章的模拟方案相同;情景 4 未考虑排水系统,主要是用于揭示排水系统对城市雨洪过程的影响;情景 5 未考虑研究区域内建筑区域的可下渗地面,主要是用于分析研究区域的人工绿地对城市雨洪过程的影响;情景 6 未考虑建筑物区域,将建筑物区域还原为可下渗地面,主要是用于分析建筑物对城市雨洪过程的影响;情景 7 未考虑道路,将道路区域还原为可下渗地面,且不再考虑道路的凹陷效应,主要是用于分析道路对城市雨洪过程的影响;情景 8 未考虑池塘,模拟情景中基于数据适配模型的功能接口将池塘进行填平处理,用于分析研究区域内部的池塘对该区域雨洪过程的影响。

< 088 >

表 5.1　分析不同要素类型对雨洪过程影响的情景设计表

情景编号及代码	考虑的要素类型	未考虑的要素类型	用途
S1(T-P)	地形、全部区域为可下渗	此情景不考虑任何人工基础设施	参考
S2(T-I)	地形、全部区域为不可下渗	此情景不考虑任何人工基础设施	参考
S3(T-S-L-B-R-P)	地形、排水系统、土地利用类型、建筑物、道路、池塘	无	参考
S4(T-L-B-R-P)	地形、土地利用类型、建筑物、道路、池塘	排水系统	分析排水系统的作用
S5(T-S-B-R-P)	地形、排水系统、建筑物、道路、池塘和沟渠	可下渗地面	分析人工绿地的影响
S6(T-S-L-R-P)	地形、排水系统、土地利用类型、道路、池塘	建筑物	分析建筑物的影响
S7(T-S-L-B-P)	地形、排水系统、土地利用类型、建筑物、池塘	道路	分析道路的影响
S8(T-S-L-B-R)	地形、排水系统、土地利用类型、建筑物、道路	池塘	分析池塘的影响

5.2.2　考虑不同要素的模拟情景对地表径流量的影响及原因分析

地表径流量是反映城市雨洪过程的主要参数之一,因此,本书首先选取地表径流量时间过程线作为分析考虑不同要素对城市雨洪过程影响分析的内容。为了对比分析的合理性,所有模拟情景的总径流量计算均没有包含池塘和沟渠边界范围内的总水量。但池塘有溢流到其他地表区域的水量,是纳入地表总径流量的计算的。

(1) 模拟结果整体分析与讨论

各模拟情景输出的地表总径流量变化曲线如图 5.2 所示,其中总径流量最大的模拟情景为 S2,即将全部区域考虑为不可下渗区域,且没有耦合排水管网。在没有耦合管网排水系统的三种模拟情景(S1、S2、S4)中,总径流量变化相对规则,从大到小依次为:将全部区域考虑为不可下渗区域(S1)、考虑研究区域的土地利用类型(S4)、将研究区域全部考虑为可下渗区域(S2)。但地表径流量的变化速率明显不一样,S2 在达到顶峰后,衰减速率明显大于 S1 和 S4。考虑排水管网的 S3,S5 至 S8 的地表径流量明显小于没有考虑管网的模拟情景。

(2) 管网排水作用与自然下渗作用的对比分析

管网排水作用与自然下渗作用的对比分析结果如图 5.3 所示,图中 S1 将地表

< 089 >

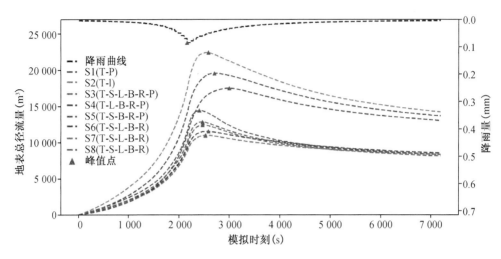

图 5.2　各模拟情景下的地表总径流量变化曲线

完全考虑为可下渗区域,S3 为考虑所有要素异质性特征并耦合排水管网的状态,
S4 将地表按真实土地利用类型进行模拟但没有耦合排水管网。由图中可知,本书
模拟结果中,排水管网对地表径流的排蓄能力,比完全依靠自然下渗情景中的排水
效能高。

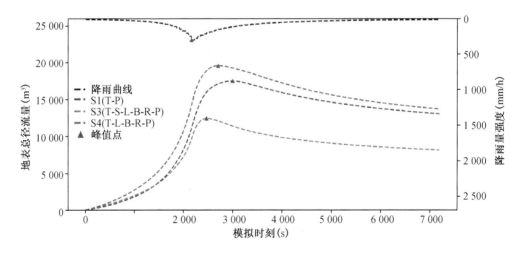

图 5.3　管网排水作用与自然下渗作用的对比分析

特殊的是,在降雨初始阶段,完全自然下渗的模拟情景中地表径流量要略好于
依靠排水管网的效果。但随着降雨量的增加,排水管网的优势逐渐显示出来,在达
到最高值的时候,其地表径流量的减少速度也明显快于不考虑排水管网的模拟情
景,局部对比分析如图 5.4 所示。

< 090 >

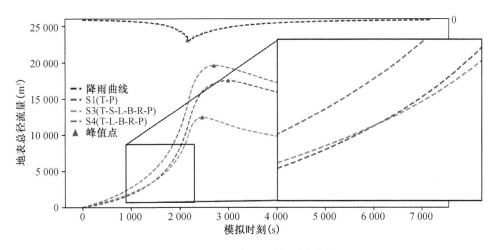

图 5.4   S1、S3 和 S4 局部对比分析

（3）地表人工基础设施对地表总径流量的影响

考虑排水管网的几种模拟情景的地表径流量对比分析如图 5.5 所示，各情景的地表径流量过程线整体上是比较相似的。但降雨达到峰值后，曲线呈现错综复杂的交叉状态，这在某种程度上反映了不同要素类型对城市雨洪过程的作用和影响机制的复杂性。图中 S5 为将地表考虑为不可下渗地面的情景，其峰值时刻的地表径流量最大，但峰值时刻过后，由于曼宁系数小，排水速度较快，地表径流量减少速度更快。其局部放大效果，如图 5.6 所示。峰值总径流量第二大的为不考虑池塘的情景 S8，不考虑池塘时，位于区域内部的出水口水量直接流向地表区域，导致径流量增大。

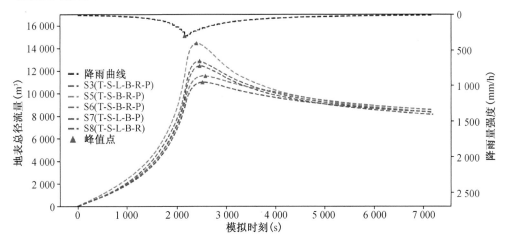

图 5.5   基础设施对地表总径流量的影响

< 091 >

S6 为不考虑建筑物的模拟情景,将建筑物区域还原为可下渗地面,且建筑物区域在空间离散网格中没有被考虑为内洞。虽然在初期受到排水管网和下渗的共同作用,总径流量相对较小;但后期由于建筑物区域为可渗透区域,其曼宁系数较大且下渗率减弱,导致水流速度较慢,积水效应增加,且建筑物区域水流直接流入管道的效率降低,导致最后阶段 S6 变为总径流量最多的模拟情景。S7 中道路区域还原为可下渗地面后,其径流量相对 S6 较小,主要原因为道路的汇水效应更强,下渗量更大。

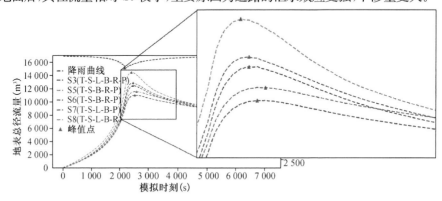

图 5.6　考虑不同基础设施的模拟情景局部对比分析

(4) 各模拟情景峰值出现时刻分析

情景 1 到情景 8 峰值出现的模拟时间步(秒)依次为 2 999,2 579,2 459,2 699,2 399,2 579,2 519,2 459;换算成时间依次为 49 分 59 秒,42 分 59 秒,40 分 59 秒,44 分 59 秒,39 分 59 秒,42 分 59 秒,41 分 59 秒,40 分 59 秒。本书设计降雨峰值出现在 36 分钟处。各情景地表径流量峰值时刻距离降雨峰值的时间步,依次为:839,419,299,539,239,419,359,299。将距离降雨峰值的时间步按从小到大排序后的对比分析图,如图 5.7 所示:

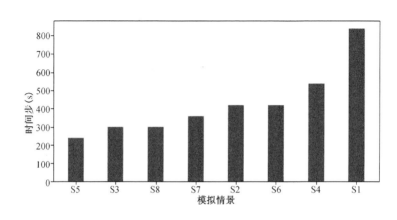

图 5.7　各模拟情景峰值出现时刻距降雨强度最大时刻的时间步

< 092 >

图中最先达到峰值的为 S5,S5 为考虑地下管网,但将建筑物区域的人工绿地全部还原为不可下渗地面。S5 峰值出现最快的主要原因是其地表为不可下渗区域,地表径流量流速较快,受降雨峰值影响达到径流峰值最大值后没有继续累加产生更多的径流量;此外,受到排水系统排水效应的影响,地表径流量减少速度较快,S5 是对降雨响应最快的一种模拟情景。图中 S3 和 S8 达到峰值的时间一样,分别排第二位和第三位,S3 为考虑全部要素的模拟情景,S8 没有考虑池塘,模拟中将池塘进行了填平。由于池塘被填平,池塘区域没有了蓄水效能,虽然导致 S8 的总径流量比 S3 高,但峰值出现的时刻与 S3 一致。第四位的是 S7,S7 将道路还原为可下渗地面,其峰值出现的时刻较快于类似情景 S6,S6 为将建筑物区域还原为可下渗地面的情景。S7 情景中建筑物被空间离散化处理为内洞,建筑物屋顶的水流直接汇入地下排水管网中,而 S6 没有将建筑物考虑成内洞,导致部分水流直接流往地面邻接区域,是地表水流产生更强累加效应的主要原因。在没考虑地下排水管网的三种情景 S2、S4、S1 中,径流峰值出现的时间都相对较晚;其中 S2 将全部区域考虑为不可下渗的情景相对较快,全部区域为不可下渗的情景水流速度较快,且研究区域地形为北高南低,水流受地形的影响效果明显,所以其对雨水的响应速度也更快。时间最晚的为 S1 将全部区域考虑为可下渗区域,导致其地面摩阻系数大,水流累积效应最强。

5.2.3　考虑不同要素的模拟情景对地表积水的影响及原因分析

地表径流峰值时刻,是属于受暴雨引起的地表积水最为严重的时刻。本章的设计暴雨只有一个峰值,所以相对于整个模拟时间段来说,峰值时刻相对比较集中。因此,本节的地表积水对比分析,基于各模拟情景地表径流峰值时刻的积水情况进行。由于模拟情景基的是百年一遇的设计暴雨,两小时降雨量达到127.5 mm,峰值时刻的降雨强度达到 301 mm/h,在地表总径流量峰值时刻地表积水量较大;此外,地表径流峰值时刻耦合管网模型的模拟情景均出现节点溢流的情况,节点溢流数量为 170~400 个不等。综合降雨强度大和节点溢流的作用,导致研究区域内积水范围覆盖面积大。因此,本书对地表积水数据进行了基本的预处理,将积水深度小于 4 cm 区域的积水深度设为 0,不作为对比分析研究的内容。图 5.8 至图5.11 为 S1 和 S2、S3 和 S4、S5 和 S6、S7 和 S8 的峰值时刻地表积水分布范围图。

（1）积水深度对比分析

为了对比分析的思路更为清晰和便于理解,后续研究中的积水深度对比分析都基于 S3 进行。S3 是根据真实情况考虑的模拟情景,在 S3 基础上对比其他情景在地表积水范围和积水深度上的变化情况。由于积水深度在空间分布上具有明显的空间异质性特征,本书选取有代表性的八个位置进行对比分析。选取的八个特征位置如图 5.12 所示,位置 A、B、C、D 分别为池塘和沟渠;其中,A 为研究区域正

< 093 >

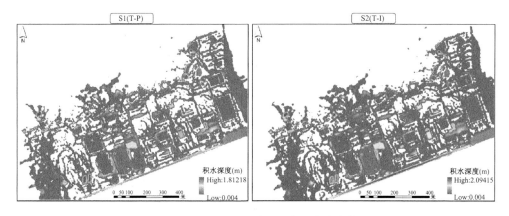

图 5.8　S1 和 S2 峰值时刻地表积水分布范围

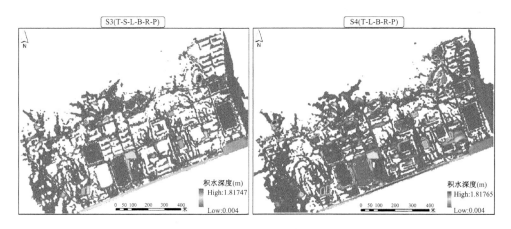

图 5.9　S3 和 S4 峰值时刻地表积水分布范围

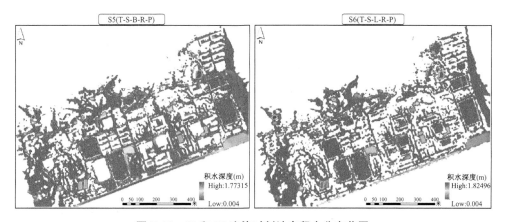

图 5.10　S5 和 S6 峰值时刻地表积水分布范围

< 094 >

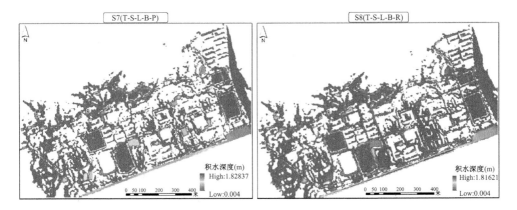

图 5.11 S7 和 S8 峰值时刻地表积水分布范围

南方向的沟渠,受 9 个排水管网出水口的影响,同时受地表径流直接汇入的影响,为主要排水受纳体;池塘 B、C 分别受 2 个和 3 个出水口影响的池塘;位置 D 为人工游泳池,不受排水管网出水口的影响。E、F 分别为研究区域的纵向道路及横向道路。G、H 分别为研究区域的两栋建筑物边界位置,其中 G 位置内的建筑物包含排水管网节点,H 位置的建筑物不包含排水管网节点。

图 5.12 S3 峰值时刻特征位置地表积水深度

< 095 >

a. S1 与 S3 的对比分析

图 5.13 中显示了 S1 与 S3 在 8 个位置积水深度的对比分析,在文字标签中有正负的蓝色文字表示 S1 中该位置相对于 S3 的积水深度变化值,正号表示为增加,负号表示为减少。从图中可以看见,S1 不包含排水管网且为整体可下渗区域,地表水流直接汇入该沟渠,由于 S1 中峰值出现时刻最晚且总水量大,所以在该时刻 S1 中 A 沟渠中的积水深度要略高于 S3 中的情况。B 位置的水位基本相当,虽然 B 位置也受到排水管网的作用,但 B 位置处于地形坡度的中间区域,S1 中因地形因素流入的水量也很多。S3 中 C 位置的水量大大高于 S1 中 C 位置的水量,主要原因为 S3 中该位置存在 3 个排水口,且其上坡方向被建筑物包围着,在 S1 情景中,只有少量的水流能通过地形的影响汇入 C 位置的池塘中,这与 B 位置的情形正好相反。D 位置为学校游泳池,在没有受到排水口作用的情况下,由于峰值出现时刻较晚,S1 中的积水深度明显高于 S3 中的积水。

图 5.13 S3 和 S1 峰值时刻地表积水深度对比

两种情景在属于道路区域的 E 位置的水量相差度都很小,但 S3 略小于 S1,说明排水系统有一定的作用;但 F 位置的水量相差很大,S1 在该位置有一定的积水量。相对于 E 位置来说,F 位置呈横向分布,而该区域地形为北高南低,因为纵向的道路受地形的影响,有更好的排水效果,而横向分布的道路没有受地形影响而增

< 096 >

加水流运动速度,所以,有人工排水设施的 S3 水位减少明显。

建筑物区域,G 位置周边附属有雨水口及雨水篦子,所以,S3 相对于 S1 的积水量少很多。H 位置没有人工雨水出口设施,但在 S3 情景中,建筑物被视为固体边界,导致 S3 中 H 位置的积水更多。

b. S2 与 S3 的对比分析

图 5.14 中显示了 S2 与 S3 在 8 个位置积水深度的对比分析,在文字标签中有正负的蓝色文字表示 S2 中该位置相对于 S3 的积水深度变化,正号表示为增加,负号表示为减少。由于 S2 中地表整体为完全不可下渗区域,也没有考虑人工排水设施,所以地表总径流量相对较大,导致通过地表流出到 A 区域的水流量明显增加,增加量约 0.43m。B 位置的水量相对于 S3 以及 S1 变化不大,基本相当,分析主要原因为,该池塘水量达到 0.41 m 后,就开始出现水流溢流的现象。C 位置的水量,相对于 S3 来说,深度减少了 0.66 m,其减少原因也与 S1 中基本一致,其主要因为S3 中该位置存在 3 个排水口,排水口的排出水流对该池塘影响较大,但由于其上坡方向被建筑物包围着,所以在 S2 中,只有部分水流能通过地形的影响汇入 C 位置的池塘中。S2 中 D 位置的池塘积水深度相对于 S3 增加了 0.36 m,相对于 S1也增加了 0.09 m,由此可见在不受排水管网和下渗作用影响的情况下,由地表径流流入的水量,相对于 S3 和 S1 都有不同程度的增加。

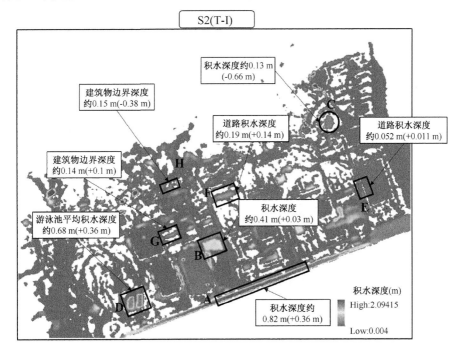

图 5.14　S2 和 S3 峰值时刻地表积水深度对比

< 097 >

　　道路区域。S2 与 S3 的对比分析中,道路区域出现的情况,与 S1 和 S3 的对比分析结果基本相似。与 E 位置不同的是,F 位置呈横向分布,该区域地形为北高南低,由于纵向的道路受地形的影响,有更好的排水效果;然而,横向分布不利于利用地形优势进行排水,导致 F 位置的水量增加情况相对于 E 位置来说更多。

　　S2 与 S3 对比的建筑物区域积水量,与 S1 和 S3 对比的建筑物区域结果基本一致,有人工雨水口的建筑物区域积水量较小;建筑物没有人工雨水出口,且建筑物轮廓又被考虑为固体边界的情况下,积水量增加较大。

　　c. S4 与 S3 的对比分析

　　S4 与 S3 积水深度对比分析结果如图 5.15 所示。S4 中地表考虑了所有的要素,但没有耦合地下排水管网。从 A 位置来看,其沟渠内积水深度仍然大于S3。B 位置的池塘积水深度略小于 S3;C 位置的池塘积水深度仍明显小于 S3;D、E、F、G 位置的积水深度仍大于 S3,H 位置的积水深度小于 S3,其原因与 S1、S2 与 S3 的对比原因相似。由此可见,S4 整体地表总径流量大于 S3,主要表现在道路、广场、人工绿地等区域,在 S4 中这些区域没有受到排水管网的排水作用。大部分池塘的水深相对于 S3 中有所减少,也是因为这些池塘没有受到出水口的影响。

图 5.15　S4 和 S3 峰值时刻地表积水深度对比

d. S5 与 S3 的对比分析

S5 与 S3 的对比分析结果,如图 5.16 所示。S5 同样为耦合了地下管网的模拟情景,但地表的人工绿地被考虑为不可下渗区域,因此,总径流量相对于 S3 来说更大。主要体现在 A 位置沟渠的积水深度相对于 S3 要大许多,主要受出水口出流量大的影响。S5 中 B 位置与 S3 中 B 位置总体积水略大于 S3 中的同一位置,主要原因为 S5 中的峰值时刻出现较早,且 S5 中排水管网上游的自然绿地,被考虑成不可下渗地面。两个情景中 C 位置水量相当,该池塘在两个情景中的地表径流峰值时刻均出现了溢流情况,因此,池塘区域内的水量增加效果不明显。S5 中 D 位置相对于 S3 中该位置水深增加明显,主要由于其周边大量绿地被考虑为不可下渗区域,导致地表径流量增大。在耦合排水管网的对比情况下,E、F、G、H 的变化情况相对于没有耦合管网的情景就不再十分明显。

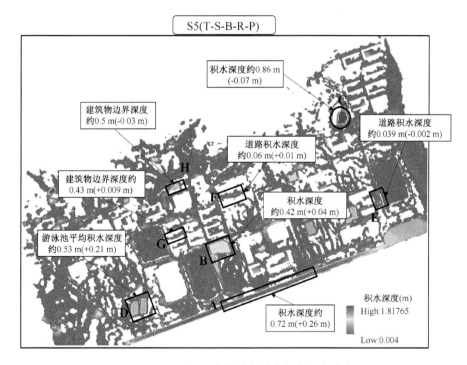

图 5.16 S5 和 S3 峰值时刻地表积水深度对比

e. S6 与 S3 的对比分析

S6 与 S3 的对比分析结果,如图 5.17 所示。S6 中将建筑物区域考虑为可下渗区域,且空间离散网格没有将建筑物区域考虑为内洞的形式。从图中可见,受整体下渗量增加的影响,大部分对比区域的积水深度,都有所减少;其中 C 位置的池塘,是池塘中减少水量最大的,主要原因为受其管段上游建筑物区域考虑为可下渗地

< 099 >

面,且受其他地表径流影响较小,所以在积水深度上变化较为明显。S6 中 D 位置的积水深度相对于 S3 中有稍许增加,主要是因为该区域受建筑物影响较小,且 S6 情景中峰值时刻出现相对于 S3 较晚,因此入流量更大。其他特征位置受建筑物区域还原为人工绿地的影响,积水深度都有稍许减少,但 H 位置减少幅度较大,主要受该区域的建筑物外轮廓没有被考虑为固体边界的影响,即不会出现明显的水流阻挡效应。

图 5.17　S6 和 S3 峰值时刻地表积水深度对比

f. S7 与 S3 的对比分析

S7 与 S3 的对比分析结果,如图 5.18 所示。S7 中将道路考虑为可下渗区域后,受整体下渗量增加的影响,用于比较的特征位置水量均有所减少,减少幅度最大的为 B 和 C 所在的池塘区域,并且相对于 S6 中减少幅度更大。H 位置的积水深度有少许增加,也是由于 S7 峰值出现时刻相对于 S3 更晚一些。

g. S8 与 S3 的对比分析

S8 与 S3 的对比分析结果,如图 5.19 所示。S8 中将研究区域内部的池塘进行了填平处理,因此,B、C、D 的积水量大幅度减少,直接导致地表排水受纳体 A 位置的沟渠水量大幅度上升,上升值为 0.21m。此外,除了 E 位置道路处积水深度有稍许增加外,F、G、H 三个积水深度没有明显变化。推测主要原因有两点,第 1 点是这三个位置是不受池塘影响的位置,第 2 点是 S8 与 S3 峰值时刻出现较一致。

< 100 >

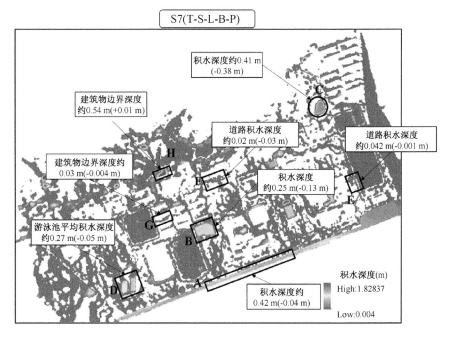

图 5.18　S7 和 S3 峰值时刻地表积水深度对比

图 5.19　S8 和 S3 峰值时刻地表积水深度对比

< 101 >

h. 综合对比数据

综合对比数据如表 5.2 所示,S3 所在列的值为该情景中各位置的水深,S1、S2、S4~S8 所在列的值为各情景相对于 S3 对应位置的变化值。为了对比的精确性,各情景变化值保留的小数位数相对于对比图中的小数位数更为精确。整体来看,在 A 位置水量增加最大的为 S2,S2 中地表均考虑为不可下渗区域,受地形影响,研究区域边界的排水沟渠汇入量较大;在 A 位置减少最多的为 S7,S7 中将道路考虑为可下渗区域,道路具有汇水效应,将其考虑为下渗区域后,下渗作用更为明显。B 位置的池塘,位于研究区域中部、容易出现满溢现象,因此整体变化区域不大,其中 S8 中减少量较大,是因为该池塘在 S8 中被做了填平处理。C 位置减少量最大的为 S1,该模拟情景中,所有区域均被考虑为下渗区域,再加上建筑物的阻挡作用,因此 S1 的积水减少量最大;C 位置增加量最大的为 S5,S5 人工绿地被考虑为不可下渗区域,且受排水口的影响,所以 S5 中 C 位置的池塘有一定的增加量。D 位置中增加量最多的为 S2,主要受该池塘来水区域均被考虑为不可下渗区域的影响;D 位置减少最多的为 S8,在 S8 中该池塘被做了填平处理。E 位置变化量整体也偏小,增加量最大为 S2,全部为不可下渗区域时,导致地表径流增加,且该情景没有耦合排水管网;减少量最多的为 S6,其为将建筑物区域考虑为可下渗区域的模拟情景。F 和 G 位置增加量最大的依然为 S2;F 位置减少量最大的为 S7 和 S6,即道路和建筑物区域考虑为可下渗区域的情景;G 位置减少量最大的为 S7,由于该区域为道路区域,S7 中将道路考虑为可下渗区域,对该位置作用明显。H 位置增加量最大的为 S7,主要是因为 S7 是所有将建筑物考虑成固体边界的模拟情景中,峰值时刻出现最晚的模拟情景,雨水积累量更大;并且 H 位置来水方向没有受到该情景将道路还原为可下渗地面的正面影响;该区域减少量最大的为 S6,主要是 S6 中其建筑物区域被考虑为可下渗区域,且没有被考虑为固体边界。

表 5.2   不同模拟情景积水深度对比分析总表

	A	B	C	D	E	F	G	H
S3	0.46	0.38	0.79	0.32	0.041	0.05	0.034	0.53
S1	0.02	−0.09	−0.71	0.27	0.005	0.11	0.096	−0.38
S2	0.36	0.03	−0.66	0.36	0.011	0.14	0.106	−0.38
S4	0.17	−0.04	−0.66	0.295	0.007	0.12	0.096	−0.38
S5	0.26	0.04	0.07	0.205	−0.002	0.01	0.009	−0.03
S6	−0.03	−0.09	−0.29	0.01	−0.018	−0.03	−0.002	−0.42
S7	−0.04	−0.13	−0.38	−0.055	0.001	−0.03	−0.004	0.01
S8	0.21	−0.23	−0.7	−0.27	0.001	0	0	0

< 102 >

（2）积水范围对比分析

积水范围对比，同样基于第 4 章耦合模型设计的考虑所有要素的模拟情景（S3）为基础与其他模拟情景进行对比分析。通过将栅格数据保存的积水范围转换为多边形矢量要素，然后通过空间叠加分析得出矢量多边形的不同覆盖区域，以用于比较不同情景的地表积水范围的差别。实验结果发现，由于本书选取的峰值时刻地表积水较多，S3 与各情景之间的积水面积都有增加和减少的区域，导致描述积水范围差异的矢量多边形要素几何结构十分复杂，存在着不规则的破碎度的范围对比结果，因此，本书只就主要特征进行分析和说明。

a. S1、S2、S4 与 S3 的对比分析

S1、S2、S4 均为不考虑地下排水管网且没有将建筑物区离散成内洞的模拟情景，这三个模拟情景与 S3 在积水深度上有很大的差异，但三个模拟情景在积水范围与 S3 的对比分析结果比较相似，因此，将这三个模拟情景放在一起讨论。S1、S2、S4 与 S3 对比分析结果如图 5.20、5.21、5.22 所示。

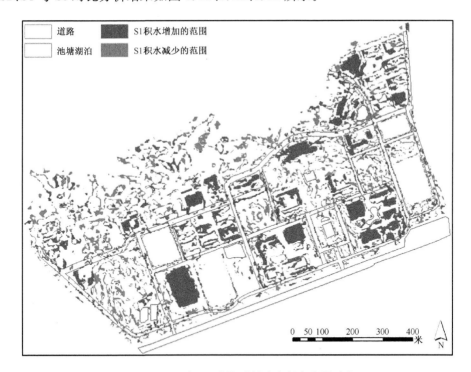

图 5.20　S1 和 S3 峰值时刻地表积水范围对比

由于这三个模拟情景没有将建筑物考虑为内洞的形式，在百年一遇暴雨的峰值时刻，S1、S2、S4 模拟情景中，建筑物区域相对于 S3 均出现积水增加的情况。此外，由于没有耦合排水管网，且 S2 和 S4 情景中在道路及道路周边区域的积水范围

< 103 >

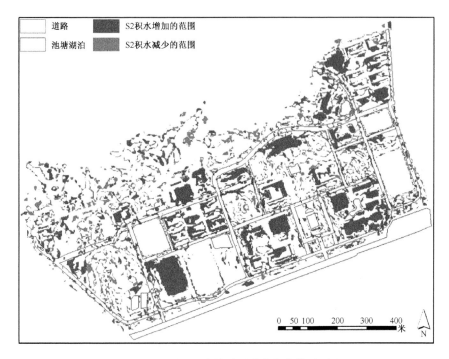

图 5.21　S2 和 S3 峰值时刻地表积水范围对比

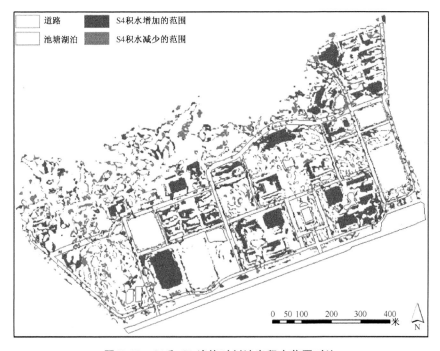

图 5.22　S4 和 S3 峰值时刻地表积水范围对比

相对于 S3 来说有大量的增加。其他区域存在非常破碎的增加或减少的情况,其中,右上角的池塘区域地形条件较低,其右下角界淹没范围有减少,说明 S1、S2、S4 没有受到排水口的影响,可以帮助推测该池塘在这 3 个情景的峰值时刻仍没有出现溢流的情况。

b. S5 与 S3 的对比分析

S5 与 S3 的对比分析结果,如图 5.23 所示。在将研究区域内人工绿地改造为不可下渗区域后,地表积水范围整体呈增加趋势。

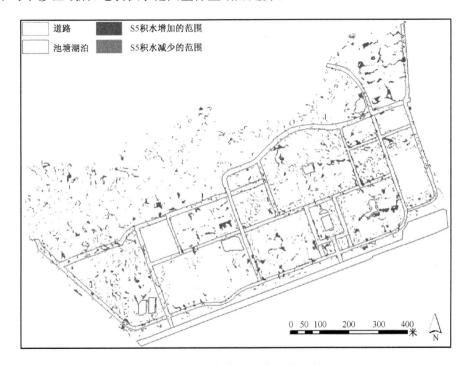

图 5.23　S5 和 S3 峰值时刻地表积水范围对比

c. S6 与 S3 的对比分析

S6 与 S3 的对比分析结果,如图 5.24 所示。由于 S6 中也没有将建筑物考虑为内洞的形式,因此,建筑物位置积水范围增加。但由于建筑物被考虑为可下渗地表,所以建筑物密集区域的地表及道路的积水范围出现了明显的减少情况。

d. S7 与 S3 的对比分析

S7 与 S3 的对比分析结果,如图 5.25 所示。由于 S7 中将道路考虑为可下渗区域,且耦合了排水管网。图中最明显的区别为,道路区域的淹没范围出现了非常明显的减少。但道路周边出现了部分积水范围增加的现象,部分原因是受到峰值出现时刻较晚,整体水量增加的影响。此外,S7 中没有考虑道路的凹陷效果,是按

< 105 >

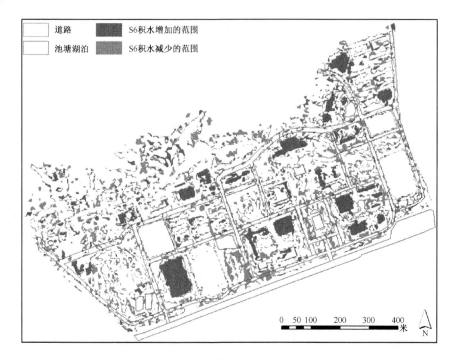

图 5.24　S6 和 S3 峰值时刻地表积水范围对比

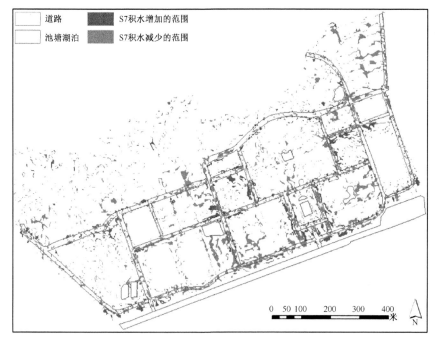

图 5.25　S7 和 S3 峰值时刻地表积水范围对比

< 106 >

照原始 DEM 数据进行模拟的,因此,道路的积水范围大大减少;由此可见,道路的边缘石引起的凹陷效应对地表水流的汇水作用十分明显。

e. S8 与 S3 的对比分析

S8 与 S3 的对比分析结果,如图 5.26 所示,由于 S8 将池塘进行了填平处理,图中最明显的区别是,部分池塘周边的地形较低的外边界出现积水范围增加的现象,这是水流直接流出导致的。但总体来看,受地形和排水设施的作用,池塘填平处理后对其他区域的积水面积的影响并不大。

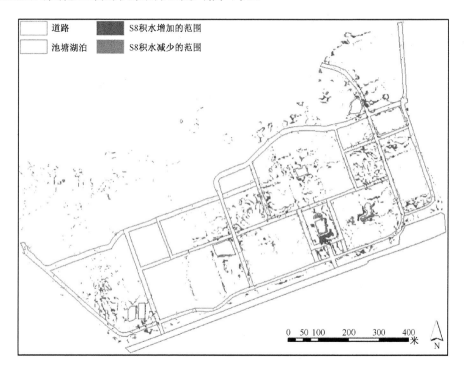

图 5.26　S8 和 S3 峰值时刻地表积水范围对比

5.3　基于 EOF 的管网节点入流及溢流时空变化特征分析

管网节点入流与溢流状态反映了管网的基本运行状态,各节点的工作状态主要有入流和溢流两种状态。但入流与溢流的时空变化特征也呈分异状态,不同节点的入流量、溢流量及入流和出流状态都是随着时间动态变化的。在传统方法中,往往是直接给出空间分布的各节点总入流量、溢流量及其在空间上的分布,或某一个节点的入流与溢流量在时间上的过程,难以通过更为简捷有效的方法,反映管网节点的时空变化特征。本书研究中,涉及的水流交换节点 2002 个,时间步长 7 200

< 107 >

步,传统方法很难综合反映发生在不同空间位置和时间步中的节点运行趋势。本节基于经验正交函数分析法研究管网节点入流与溢流的时空变化特征,基于经验正交函数分析法在时间上的主要模态,可以反映管网节点的整体运行状态。

5.3.1 经验正交函数分析法背景介绍及基本计算流程

经验正交函数分析方法(Empirical Orthogonal Function,EOF)普遍认为是由Pearson 和 Hotlling 在 20 世纪早期分别研究建立起来的时空过程演变特征分析方法(夏非等,2009)。主要用于求解空间和时间权重系数,也称特征向量分析(Eigenvectoranalysis)。EOF 分析是一种分析矩阵数据中的结构特征,并提取主要数据特征量的一种方法(武玮婷等,2017)。其核心思想是基于提取矩阵中主要特征量,利用主要的空间分布模态描述原始变量序列的时空变化特征的分析方法。特征向量对应的是空间样本,也称空间特征向量或者空间模态,用于在某种程度上描述要素的空间分布特点。主成分(PC)对应时间变化,也称时间系数,反映相应空间模态随时间的权重变化。目前 EOF 分析被广泛应用于气象、水文、海洋等研究领域等(邱海军等,2011;崔玉娟等,2014),用于分析此类地理过程在时间和空间上的变化特征及外界影响机制。

EOF 分析的一些特点非常适合于城市雨洪时空过程的分析,如:EOF 分析能对空间上不规则分布的站点进行分解,以分析不同要素对该站点监测值或模拟值的影响;EOF 分析展开收验速度快,很容易将变量场的信息集中在几个主要模态上,以分析变量的贡献率及在时间尺度上的变化趋势;此外,基于 EOF 分离出的空间结构有一定的物理意义。

EOF 的基本计算步骤如下:

a. 选定要分析的数据,将模拟值随时间进行分解,排列得到数据矩阵 $X_{m\times n}$,可以看成 m 个节点在 n 个时刻的模拟值。通过计算 X 与其转置矩阵 X_t 的交叉积,得到方阵 P。

b. 计算方阵 P 的特征根($\theta_0,\theta_1,\cdots\theta_i$)和特征向量 $V_{m\times n}$,得到空间函数矩阵 EOF,其列向量为每个非 0 的特征根对应的模态值,即空间特征向量。

c. 计算主成分。将 EOF 投影到原始资料矩阵上,得到空间特征向量对应的时间系数,即主成分。表达式如下:

$$PC_{m\times n} = V^t_{m\times n} \times X_{m\times n} \qquad (5-2)$$

PC 中每行数据对应的是特征向量的时间系数,其中 V^t 为 V 的转置。

d. 计算贡献率。矩阵 X 的方差大小,可以简单地用特征根 θ 来表示。特征根越大,说明其对应的模态越重要,对总方差的贡献越大。第 n 个模态对总方差的贡献率表达式为:

< 108 >

$$\frac{\theta_n}{\sum_{i=1}^{m} \theta_i} \times 100\% \tag{5-3}$$

此外,由于输入数据的不确定性,分解出来的 EOF 容易存在无意义的结果。显著性检验可用于辨别分解出的 EOF 是否是有物理意义的有效结果,还是无意义的噪声。本文采用 North 等(1982)提出的计算特征值误差范围的方法进行显著性检验。特征根的θ_i误差范围e_i计算方法如下式所示:

$$e_i = \theta_i \times \sqrt{\frac{2}{N^*}} \tag{5-4}$$

式中e_i为该特征根对应的误差范围;θ_i为特征根;N^*是有效自由度。在实际运用中,将特征根依次代入进行检查,得到其误差范围。如果前后两个特征根之间的误差范围没有重叠,则通过显著性检验。

5.3.2 结果及分析

本节仍采用百年一遇的设计暴雨作为降雨输入条件,模拟方案中为考虑所有要素的模拟方案。利用管网节点入流量与溢流量来构建输入分析矩阵,入流和出流量以每 30 秒为时间段进行统计。如果该节点在该时间的总入流量大于出流量,则该数值为正,如果总出流量大于总输入流量,则以负数的形式进行表示。研究区域中,涉及的雨水交换节点,共计节点 2002 个。矩阵行对应每个节点,列对应每个时间段,共计 2002 行,240 列。管网雨水交换节点入流与溢流 EOF 分解的前两个特征向量贡献率如表 5.3 所示。

表 5.3 管网雨水交换节点入流与出流 EOF 分解的前两个特征向量贡献率

	特征值	方差贡献率(%)	累积方差贡献率(%)	特征根误差范围	
				下限	上限
1	637 080.807	0.864	86.4	619 709.465	654 452.150
2	60 888.104	0.092	95.6	59 227.862 5	62 548.346

(1)时间分布特征分析

前两个特征根的累积贡献率达 95.6%,且误差范围不重叠,通过 North 显著性检验,因此,这两个特征根可以很好地解释排水管网节点入流和出流工作状态。其中模态 1 的方差贡献率为 86.4%,基本反映了节点能正常入流的工作状态。模态 2 的方差贡献率为 9.2%,反映了节点溢流的工作状态。可以近似地说明,在百年一遇的设计暴雨情景下,研究区域的管网工作状态整体良好。这与模拟的入流和溢流数据基本相符,模拟中,管网的总入流量为 48 746 m³,总溢流量为 4 919 m³。

< 109 >

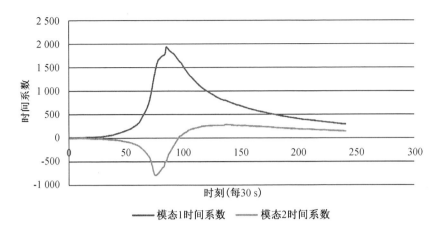

图 5.27 EOF1 和 EOF2 时间系数

图 5.27 为 EOF1 和 EOF2 的时间系数,EOF1 在时间上均为正值,EOF2 有正有负。其中 EOF1 与降雨量相关系数为 0.73,与节点入流量时间过程线的相关系数为 0.97,远高于 EOF2 与节点入流量时间过程线的相关系数 0.51,说明 EOF1 反映的是入流的状态;EOF2 与降雨量的相关系数为 0.78,与节点溢流量时间过程线的相关系数为 0.80,远高于节点总入流量时间过程线,说明模态 2 反映的是节点溢流的运行状态。

表 5.4 模态与节点降雨量及节点入流与溢流时间过程线相关系数

	降雨量	节点总入流量	节点总溢流量
模态 1	0.73	0.97	0.73
模态 2	−0.78	−0.51	−0.80

(2) 空间分布特征分析

模态 1 的特征值中与变化趋势较为一致的特征值,说明排水工作状态良好的节点分布状态,如图 5.28 所示。

模态 2 的特征值中与变化趋势较为一致的特征值,反映的是存在溢出节点的空间分布,如图 5.29 所示。

由模态 1 和模态 2 的空间分布图,可以从整体上发掘出管网入流运行状态良好的工作节点以及管网节点溢流时间较长溢流量较多的节点。模态 1 中,特征值越大的点,表示管网入流状态高度一致的点,反之则相反;模态 2 中特征值越大的点,表示与管网节点溢流状态变化趋势一致的点,即值越高节点表示该节点在溢流量和持续时间上对整体溢流的贡献度相对于其他节点来说都更高。

< 110 >

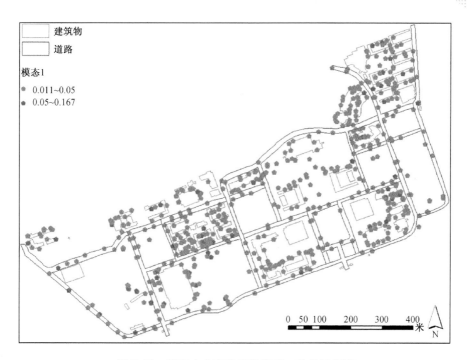

图 5.28　模态 1 中变化趋势高度一致的特征值

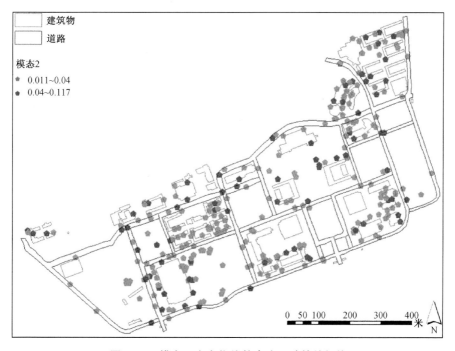

图 5.29　模态 2 中变化趋势高度一致的特征值

< 111 >

5.4 本章小结

  本章采用百年一遇的设计降雨,结合典型区域,研究了基于要素的城市雨洪过程综合性定量化分析方法。基于情景分析方法,研究了该区域不同要素对地表总径流量及地表积水深度和范围的影响。通过详细的分析,论述了不同要素对雨洪过程的影响,初步揭示了该区域城市雨洪过程受不同要素影响下的作用机制,也在一定程度上帮助人们认识了基于要素异质性建模和模拟的意义和价值,为相关研究提供借鉴意义。由于城市雨洪过程在时空变化上的异质性特征,本书引入了EOF分析方法,研究基于少数的几个变量,表达复杂时空过程问题的方法,将EOF分析方法应用于管网节点入流及溢流量的时空变化特征分析研究中。EOF分析结果将管网节点入流及溢流运动状态,在时间过程上归纳为具有物理意义的两个主要模态;此外,在空间特征上,又可以得到空间分布的各个节点与模态的变化趋势,是揭示管网节点入流及溢流的时空变化特征的有效方法。

< 112 >

第6章

结论与展望

6.1　研究结论

　　顾及要素异质性的城市雨洪过程建模与模拟,是揭示与认知不同要素对城市雨洪过程影响和作用机制,提升城市雨洪管理及风险应对的基本方法。本书以空间异质性概念为理论基础,以考虑要素异质性的精细化建模及模拟以及支持基于要素的地理分析为出发点;在技术和方法层面,从制约顾及要素异质性建模的数据适配与空间离散方法和耦合建模与模拟两个瓶颈问题进行了研究;并基于这两方面研究成果的优势和特点,初步探索了基于要素的城市雨洪过程影响分析和时空特征研究,主要结论如下:

　　(1)提出了一种基于要素的城市雨洪过程耦合模型数据适配与空间离散方法。首先,基于城市水文要素异质性特征分析结果,提出了数据适配模型设计方法,从概念建模的视角,探讨了影响城市雨洪过程的要素类型及其异质性特征,从逻辑模型设计及建模层面实现了面向城市雨洪过程建模及模拟的输入数据解析、逻辑存储与组织以及程序化交互式编辑处理等功能,解决了数据适配模型原始数据组织与管理层面的问题。其次,基于数据适配模型面向空间离散及耦合模拟的数据适配方法层面,从单要素的适用性特征分析、要素之间的拓扑关系研究以及地表水流与管网水流耦合模拟三个方面,研究了数据预处理方法,使得数据适配模型中的数据能更好地满足空间离散网格的生成和耦合模拟的需要。最后,从多要素对象约束下的非结构三角形网格生成、要素异质性特征与离散网格自动融合方法以及排水系统数据自动转换方法,研究了满足顾及要素异质性建模及模拟的耦合模型所需要的空间离散网格生成和特定的输入数据格式转换方法。

　　基于三个典型城市区域的应用案例以及第 4 章和第 5 章的应用结果表明,该程序能很好地满足顾及要素异质性的耦合模型数据适配及空间离散网格生成需要。其灵活、动态、高效的数据适配与空间离散网格生成能力,能为多情景分析、不确定性研究等需要大量模拟案例的研究和分析方法,提供必要的技术支撑。

< 113 >

(2) 针对顾及要素异质性的建模及模拟在模型耦合方面的需要,本书研究了基于 ANUGA 和 SWMM 的城市地表与地下管网水流双向同步耦合方法。ANUGA 模型是一个基于浅水方程开发完成的,可适应于急缓流、浅层水流模拟的二维水动力模型系统,用于地表水流运动过程的模拟;SWMM 模型是目前为止应用最为广泛、最为成熟的排水管网水流计算模型。耦合方法中,以单个水流交换节点为基本耦合单元,以每个模拟步中的水流动态交换为基本方法,实现地表与地下管网水流的双向同步耦合。研究内容方面,分别从耦合建模的数理方法层面和模型系统的耦合模拟机制层面进行了研究。在数理方法层面,采用源项修正的方式处理水流交换过程,保证水量平衡和动量守恒。在模型系统的耦合模拟中,采用了要素对象化的方式进行耦合,将排水管网系统中每个与地表水流发生水流交换的节点变成支持多种交互式操作功能的入流/出流逻辑操作对象,以适应耦合模拟中存在的出水口出流、节点溢流、节点入流等不同水流交换情景的模拟。

基于典型研究区域的应用案例表明,本书实现的耦合模型能很好地模拟真实暴雨事件所导致的地表积水范围。计算得到的积水范围与观测范围具有较好的吻合性。在 SWMM 模型和 ANUGA 模型进行的对比分析中发现,顾及要素异质性的耦合模型能更为精确和真实地表达地表积水范围。此外,对模拟结果的分析方面,顾及要素异质性的建模和模拟方法的模型输出结果,能更为详细地反映地表水流的运动过程以及不同要素在雨洪过程中的作用和影响,有利于支持面向城市雨洪过程的综合分析研究。

(3) 针对基于现有的模型及模拟方法,对多要素作用下的城市雨洪过程的影响分析和作用机制揭示能力存在的不足现状,这一现状大大阻碍了对城市雨洪管理及雨洪过程机理的分析和认知能力。本书基于前面两项研究成果在支持情景分析的数据适配与空间离散以及耦合模拟方面的优势,运用情景分析方法和 EOF 分析开展了基于要素的城市雨洪过程分析研究。具体的研究分析内容包括:基于情景分析的要素对地表总径流量及积水深度和积水范围的影响分析研究、基于 EOF 的管网节点入流及溢流时空变化特征分析。

研究结果表明,考虑不同要素的模拟情景的模型模拟结果在时间过程、空间分布及属性特征上都表现出明显的异质性特征,并对这些异质性特征对模型模拟结果影响的原因进行了初步的分析。该研究结果,在一定程度有助于认识不同要素对城市雨洪过程的影响和作用机制,以及考虑不同要素的模拟情景对模型模拟结果的影响。在时空过程分析方面,EOF 分析能将复杂的时空过程信息集中在几个主要模态上,以分析变量的贡献率及在时间尺度上的变化趋势,用相对集中的方法去描述异质性的时空过程,为理解和认识复杂的城市雨洪过程提供了新的方法。此外,本书的分析部分也以实际应用案例为依托,帮助认识城市雨洪过程建模及模拟的复杂性和不确定性,并揭示了顾及要素异质性的建模及模拟对认识和解决城

< 114 >

市雨洪问题的必要性和意义。

三个研究内容之间具有层次推进的关系,都紧紧围绕着顾及要素异质性的城市雨洪过程建模及模拟展开,分别从数据层面、建模及模拟层面以及地理分析层面展开研究。本研究既解决了限制顾及要素异质性的建模及模拟的技术和方法性问题,也以综合性地理分析为切入点,以实际应用分析案例为依托,定量化分析和认识不同要素对城市雨洪过程的影响,在一定程度上,丰富了顾及要素异质性建模及模拟的理论内涵。

6.2 主要创新点

本书的主要创新点体现在以下三个方面:

(1)提出了基于要素异质性的城市雨洪过程耦合模型数据适配与空间离散程序构建流程。

该流程在以空间异质性概念为理论支撑的城市水文要素异质性特征分析基础之上,以单个要素为基本单元,从原始数据的组织与管理、面向空间离散及耦合模拟的数据预处理、面向模型的离散网格及数据格式生成三个层面分析和设计了数据适配模型和自动化空间离散程序的构建流程。并研究了相应的策略和机制,以满足顾及要素异质性的城市雨洪过程耦合建模及模拟研究和应用的需要。该创新点是一种基于地理学基础理论,结合 GIS 技术方法提升复杂水动力过程模型建模和模拟能力的创新性研究和技术实现流程。

(2)提出了基于两大主流模型 ANUGA 和 SWMM 模型的城市地表与地下排水管网水流过程双向同步耦合方法。

该耦合方法是以节点的水量动态交换为基础的耦合建模方法,同时考虑了建筑物、道路等特殊要素的影响机制;在耦合原理方面,ANUGA 模型的水流交换基于出水口面积和空间关联的三角形网格源项修正的方式实现,实现了真正意义上的机理层面的模型耦合,保证了水量平衡和动量守恒。在模型系统耦合方面,充分结合和利用了两大模型在模型系统架构及代码实现风格上的特点,采用了稳定、易扩展和易维护的模型系统耦合机制实现了模型系统的耦合模拟。对比现有的常见耦合方法,如:基于模拟结果文件交换式的耦合、基于 SWMM 输出的单向耦合(一维耦合二维)、将二维模型结果作为输入参数到一维模型的单向耦合(二维耦合一维),本书提出的双向同步耦合方法更加符合真实情况,是国内外首次从机理层面完全实现这两大主流开源模型的双向同步耦合。

(3)探索了基于要素的城市雨洪过程综合性定量分析方法。

针对现有的概化和简化的建模方法,影响了对城市雨洪过程分析能力的现状。在本书提出的数据适配与程序化空间离散方法和动力学耦合模型的基础上,在基

< 115 >

于要素的城市雨洪过程影响及作用机制定量化分析方面,率先展开了探索性研究。基于典型城市区域,结合情景分析方法分析了不同要素对城市地表总径流量、积水范围和积水深度的影响;结合经验正交函数分析法分析了管网节点入流与出流时空变化特征。本书的创新点主要体现在,首先基于动力学过程耦合模型分析了不同要素对城市雨洪过程的影响和作用机制,从基于要素的地理分析的角度去认识和理解不同要素城市雨洪过程的作用机制及其复杂性和不确定性,为相关研究和工程应用提供了重要的借鉴意义。其次,首先引入了 EOF 分析法对基于动力学模型的模拟结果进行时空过程分析,该方法可在保证物理意义的前提下,用相对简单的变量和模态去描述复杂时空过程变化特征,为认识复杂的城市雨洪时空过程问题提供了新的思路。

6.3　不足与展望

尽管本书对顾及要素异质性的城市雨洪过程建模及模拟过程中存在的几个关键问题提出了相应的解决方法和应用案例分析;但由于顾及要素异质性的城市雨洪过程建模及模拟研究中的复杂性和不确定性,仍存在诸多问题和挑战,需要进一步的研究。本书研究的不足以及后续的研究主要集中在以下三个方面:

(1) 受基础数据限制,本书仅就城市环境中影响城市雨洪过程的主要水文要素展开了研究和讨论。但现实情况中,城市环境中存在的水文要素类型及其异质性特征很多,如:不同功能的绿色基础设施(包括:雨水花园、蜂窝状蓄水模块等)、立交桥、城市地下轨道交通及其出处口等。其中,绿色基础设施因其设计的功能和作用,单纯地用下渗模型难以满足其模拟计算的需要;立交桥的复杂结构,提升了其建模和数据表达的复杂性;现实环境中,城市地铁等地下空间设施对雨洪的影响和作用也十分明显。此外,本书考虑的水文要素异质性特征中,也存在着异质性特征没有完全考虑的情况,如:建筑物的进水效应,部分人工水池的边界墙体高出地面的情况等。这些研究不但需要强大的数据支持,还需要对水文/水动力建模原理有着良好的基础。因此,在数据及模型支撑条件满足的前提下,可进一步深入研究对城市环境中其他的空间异质性特征对雨洪过程的影响。

(2) 模型参数估计方法及不确定性研究。由于城市雨洪过程的淹没范围、流量等实测数据难以很好地获取,限制了模型参数率定方面的工作,这是目前城市雨洪过程建模及模拟研究中存在的普遍性问题。本书模型模拟研究中,所涉及的模型参数,是在参考同行业相似情况下所使用的参数。此外,模型模拟的不确定性问题,本书也没有进行研究。这两方面的情况,严重限制了模型的应用以及对结果的理解。为了提升模型参数的正确性以及降低模型的不确定性,需要在城市雨洪过程模型参数估计方法及不确定性方面展开更为深入的研究。

< 116 >

（3）面向优化决策的一体化模拟分析框架。基于模型模拟结果的分析，是解决城市雨洪问题的重要环节。但本书所初步尝试的分析内容和方法，只是给出了相应的分析结果，在一定程度上提升了对多要素作用下的城市雨洪过程及其时空演化规律的理解能力。但分析方面主要也是基于要素类型或特定要素进行的，目前还没有基于任意单个要素的分析。在情景模拟方面，基于本书设计的程序化空间离散方法以及多线程技术等其他程序化方法，实现了一定程度的自动化模拟。在硬件设备满足的条件下，可以同时支持任意多个的情景模拟和结果处理。但目前，对结果的分析仍采用手动的方法进行。面对如此复杂度、多要素综合影响下的优化分析方法，往往需要成千上万，甚至更多的模拟案例，才能找到最优化的决策方案。因此，为了进一步提升面向最优化决策方案的综合分析能力，需要研究自动化的定量化分析方法，其可根据分析目标，自动建立模拟情景及分析模拟结果，得出最优决策方案，实现从理解到鲁棒性决策的跨越。

< 117 >

参考文献

[1] Bates P D, Horritt M S, Fewtrell T J. A simple inertial formulation of the shallow water equations for efficient two-dimensional flood inundation modelling[J]. Journal of Hydrology (Amsterdam), 2010, 387(1-2): 33-45.

[2] Bates P D, De Roo A P. A simple raster-based model for flood inundation simulation[J]. Journal of hydrology, 2000, 236(1-2):54-77.

[3] Bauer S. A modified horton equation for infiltration during intermittent rainfall[J]. International Association of Scientific Hydrology. Bulletin, 1974, 19(2):7.

[4] Bhatt G, Kumar M, Duffy C J. A tightly coupled GIS and distributed hydrologic modeling framework[J]. Environmental Modelling & Software, 2014, 62:70-84.

[5] Bicknell B R, Imhoff J C, Kittle J J, Donigian J A, Johanson R C. Hydrological simulation program-FORTRAN. user's manual for release 11. US EPA. 1996.

[6] Chang M S, Tseng Y L, Chen J W. A scenario planning approach for the flood emergency logistics preparation problem under uncertainty [J]. Transportation Research Part E: Logistics and Transportation Review, 2007, 43(6):0-754.

[7] Chang T J, Wang C H, Chen A S. A novel approach to model dynamic flow interactions between storm sewer system and overland surface for different land covers in urban areas[J]. Journal of Hydrology, 2015, 524: 662-679.

[8] Chen W, Huang G, Zhang H, et al. Urban inundation response to rainstorm patterns with a coupled hydrodynamic model: A case study in Haidian Island, China[J]. Journal of hydrology, 2018,564, 1022-1035.

< 118 >

[9] Dey A K, Kamioka S. An integrated modeling approach to predict flooding on urban basin[J]. Water Science & Technology, 2007, 55(4):19.

[10] Dhondia J F, Stelling G S. Sobek one dimensional-two dimensional integrated hydraulic model for flood simulation-its capabilities and features explained. InHydroinformatics: (In 2 Volumes, with CD-ROM). 2004. (pp. 1867—1874).

[11] Djordjević S, Prodanovi ć D, Maksimović, Ivetić M, Savi D. Sipson-Simulation of Interaction between Pipe flow and Surface Overland flow in Networks[J]. Water Science and Technology,2005,52(5):275-83.

[12] Duran A, Liang Q, Marche F. On the well-balanced numerical discretization of shallow water equations on unstructured meshes[M]. Academic Press Professional, Inc. 2013.

[13] Durango-Cohen P L, Sarutipand P. Capturing Interdependencies and Heterogeneity in the Management of Multifacility Transportation Infrastructure Systems[J]. Journal of Infrastructure Systems, 2007, 13 (2):115-123.

[14] Easton, Zachary M. Defining Spatial Heterogeneity of Hillslope Infiltration Characteristics Using Geostatistics, Error Modeling, and Autocorrelation Analysis[J]. Journal of Irrigation and Drainage Engineering, 2013, 139 (9):718-727.

[15] Ernst J, Dewals B J, Detrembleur S, et al. Micro-scale flood risk analysis based on detailed 2D hydraulic modelling and high resolution geographic data[J]. Natural Hazards, 2010, 55(2):181-209.

[16] Field CB. Climate change 2014-Impacts, adaptation and vulnerability: Regional aspects[M]. Cambridge University Press,2014.

[17] Forman R T T. The ethics of isolation, the spread of disturbance, and landscape ecology[M]. Landscape Heterogeneity and Disturbance. Springer New York, 1987.

[18] George P L, Seveno E. The advancing-front mesh generation method revisited[J]. 1994, 37(21):3605-3619.

[19] Giorgi F, Avissar R. Representation of heterogeneity effects in Earth system modeling: Experience from land surface modeling[J]. Reviews of Geophysics, 1997, 35.

[20] Gironás J, Roesner L A, Rossman L A, et al. A new applications manual for the Storm Water Management Model (SWMM) [J]. Environmental

< 119 >

Modelling & Software, 2010, 25(6):813-814.

[21] Gochis D J, Yu W, Yates D N. The WRF-Hydro model technical description and user's guide, version 1. 0. NCAR Tech. Doc. 2013. Available at http://www. ral. ucar. edu/projects/wrf_hydro/

[22] Goodchild M F, Haining R P. GIS and spatial data analysis: Converging perspectives[J]. Papers in Regional Science, 2003, 83(1):363-385.

[23] Goodchild M F, Mark D M. The Fractal Nature of Geographic Phenomena [J]. Annals of the Association of American Geographers, 1987, 77.

[24] Goodchild M F. The Validity and Usefulness of Laws in Geographic Information Science and Geography[J]. Annals of the Association of American Geographers, 2004, 94(2):300-303.

[25] Gong J, Liu Y, Xia B. Spatial heterogeneity of urban land-cover landscape in Guangzhou from 1990 to 2005[J]. Journal of Geographical Sciences, 2009, 19(2):213-224.

[26] Hahmann T, Stephen S. Using a hydro-reference ontology to provide improved computer-interpretable semantics for the groundwater markup language (GWML2)[J]. International Journal of Geographical Information Science, 2018 (2):1-34.

[27] Hartman S E, Humphreys M P, KivimE C, et al. Seasonality and spatial heterogeneity of the surface ocean carbonate system in the northwest European continental shelf[J]. Progress in Oceanography, 2018.

[28] Horritt M S, Bates P D. Predicting floodplain inundation: raster-based modelling versus the finite-element approach[J], Hydrological processes, 2001,15(5), 825-842.

[29] Hu R, Fang F, Salinas P, et al. Unstructured mesh adaptivity for urban flooding modelling[J]. Journal of Hydrology, 2018.

[30] Huang J, Wang J, Bo Y, et al. Identification of Health Risks of Hand, Foot and Mouth Disease in China Using the Geographical Detector Technique[J]. International Journal of Environmental Research and Public Health, 2014, 11(3):3407-3423.

[31] Huang Q, Wang J, Li M, et al. Modeling the influence of urbanization on urban pluvial flooding: a scenario-based case study in Shanghai, China[J]. Natural Hazards, 2017, 87(2):1035-1055.

[32] Huong H T L, Pathirana A. Urbanization and climate change impacts on future urban flooding in Can Tho city, Vietnam[J]. Hydrology and Earth

< 120 >

System Sciences, 2013, 17(1):379-394.

[33] Jiang B. Geospatial Analysis Requires a Different Way of Thinking: The Problem of Spatial Heterogeneity[J]. GeoJournal, 2015, 80(1):1-13.

[34] Kim B, Sanders B F, Famiglietti J S, et al. Urban flood modeling with porous shallow-water equations: A case study of model errors in the presence of anisotropic porosity[J]. Journal of Hydrology, 2015, 523: 680-692.

[35] Kumar M, Bhatt G, Duffy C J. An object-oriented shared data model for GIS and distributed hydrologic models [J]. International Journal of Geographical Information Science, 2010, 24(7):1061-1079.

[36] Kundzewicz Z W, Kanae S, Seneviratne S I, et al. Flood risk and climate change: global and regional perspectives[J]. International Association of Scientific Hydrology Bulletin, 2014, 59(1):1-28.

[37] Liang D, Özgen I, Hinkelmann R, Xiao Y, Chen JM. Shallow water simulation of overland flows in idealised catchments[J]. Environmental Earth Sciences. 2015, 74(11):7307-18.

[38] Liang Q, Du G, Hall J W, et al. Flood Inundation Modeling with an Adaptive Quadtree Grid Shallow Water Equation Solver[J]. Journal of Hydraulic Engineering, 2008, 134(11):1603-1610.

[39] Liu L, Liu Y, Wang X, et al. Developing an effective 2-D urban flood inundation model for city emergency management based on cellular automata[J]. Natural hazards and earth system sciences, 2015, 15(3).

[40] Liu X, Gong L, Gong Y, et al. Revealing travel patterns and city structure with taxi trip data[J]. Journal of Transport Geography, 2015, 43:78-90.

[41] Liu Y, Zhang W, Zhang Z. A conceptual data model coupling with physically-based distributed hydrological models based on catchment discretization schemas[J]. Journal of Hydrology, 2015, 530:206-215.

[42] Leandro J, Schumann A, Pfister A. A step towards considering the spatial heterogeneity of urban key features in urban hydrology flood modelling[J]. Journal of Hydrology, 2016, 1;535:356-65.

[43] Lee S, Nakagawa H, Kawaike K, et al. Urban inundation simulation considering road network and building configurations[J]. Journal of Flood Risk Management, 2016, 9(3):224-233.

[44] Lo S H. A new mesh generation scheme for arbitrary planar domains[J]. International Journal for Numerical Methods in Engineering, 1985, 21(8):

< 121 >

1403-1426.

[45] Longley P A, Goodchild M F, Maguire D J, Rhind D W. Geographic information science and systems[M]. John Wiley & Sons,2015.

[46] Valiela I. Spatial structure: patchiness[M]. InMarine Ecological Processes 1995 (pp. 325-353), Springer, New York.

[47] Matthews JA, Herbert DT. Unifying geography: common heritage, shared future[M]. Psychology Press,2004.

[48] Mcdonnell J J, Sivapalan M, Vaché, K, et al. Moving Beyond Heterogeneity and Process Complexity: A New Vision for Watershed Hydrology[J]. Water Resources Research, 2007, 43(7):931-936.

[49] Mignot E, Paquier A, Haider S. Modeling floods in a dense urban area using 2D shallow water equations[J]. Journal of Hydrology, 2006, 327(1-2):0-199.

[50] Mishra V, Ganguly A R, Nijssen B, et al. Changes in observed climate extremes in global urban areas[J]. Environmental Research Letters, 2015, 10(2).

[51] Moel H D, Aerts J C J H. Effect of uncertainty in land use, damage models and inundation depth on flood damage estimates[J]. Natural Hazards, 2011, 58(1):407-425.

[52] Muchnik L, Pei S, Parra L C, et al. Origins of power-law degree distribution in the heterogeneity of human activity in social networks[J]. Scientific Reports, 2013, 3:1783.

[53] Muis S, Güneralp, Burak, Jongman B, et al. Flood risk and adaptation strategies in Indonesia: a probabilistic analysis using globally available data [J]. Science of the Total Environment, 2015, 538(4):445-457.

[54] Müller J D, Roe P L, Deconinck H. A frontal approach for internal node generation in Delaunay triangulations [J]. International Journal for Numerical Methods in Fluids, 1993, 17(3), 241-255.

[55] Mungkasi S, Roberts S G. Validation of ANUGA hydraulic model using exact solutions to shallow water wave problems[J]. Journal of Physics: Conference Series, 2013.

[56] Mungkasi S, Roberts S. G, Davies, et al. Validations report. https://github.com/GeoscienceAustralia/anuga_core/blob/master/doc/validations_report.pdf. 2015.

[57] Nijzink R C, Samaniego L, Mai J, et al. The importance of topography

< 122 >

controlled sub-grid process heterogeneity in distributed hydrological models [J]. Hydrology & Earth System Sciences Discussions, 2015, 12(12): 13301-13358.

[58] Nielsen O, Roberts S, Gray, D., McPherson, A. &Hitchman, A. (2005). Hydrodymamic modelling of coastal inundation.

[59] North G R, Bell T L, Cahalan R F, et al. Sampling Errors in the Estimation of Empirical Orthogonal Functions [J]. Monthly Weather Review, 1982, 110(7):699-706.

[60] Peng G, Lu F, Song Z, Zhang Z. Key Technologies for an Urban Overland Flow Simulation System to Support What-If Analysis[J]. Journal of Water Resource and Protection, 2018,10(07):699.

[61] Qi H, Altinakar M S. A GIS-based decision support system for integrated flood management under uncertainty with two dimensional numerical simulations[J]. Environmental Modelling & Software, 2011, 26(6): 817-821.

[62] Qiu B, Zeng C, Cheng C, et al. Characterizing landscape spatial heterogeneity in multisensor images with variogram models [J]. Chinese Geographical Science, 2014, 24(3):317-327.

[63] Rebay S. Efficient Unstructured Mesh Generation by Means of Delaunay Triangulation and Bowyer-Watson Algorithm [M]. Academic Press Professional, Inc. 1993.

[64] Li H, Reynolds JF. On Definition and Quantification of Heterogeneity[J]. Oikos, 1995, 73(2):280-284.

[65] Roberts S, Nielsen O, Gray D, et al. ANUGA user manual. Geoscience Australia. 2010. Available at https://en. wikipedia. org/wiki/ANUGA_Hydro.

[66] Rossman L A. Storm water management model user's manual, version 5. 0. 2010, Cincinnati: National Risk Management Research Laboratory, Office of Research and Development, US Environmental Protection Agency.

[67] Schubert J E, Sanders B F, Smith M J, et al. Unstructured mesh generation and landcover-based resistance for hydrodynamic modeling of urban flooding[J]. Advances in Water Resources, 2008, 31(12):1603-1621.

[68] Shewchuk J R. Triangle: Engineering a 2D quality mesh generator and Delaunay triangulator [J]. In Applied computational geometry towards

< 123 >

geometric engineering. Springer,1996,(pp. 203-222).

[69] Shewchuk J R. A condition guaranteeing the existence of higher-dimensional constrained Delaunay triangulations. In Proceedings of the fourteenth annual symposium on Computational geometry, ACM, 1998.

[70] Shewchuk J R. Delaunay refinement algorithms for triangular mesh generation [J]. Computational geometry, 2002,22(1-3), 21-74.

[71] Shewchuk J R. Updating and constructing constrained delaunay and constrained regular triangulations by flips[C]. Nineteenth Symposium on Computational Geometry. ACM, 2003.

[72] Shewchuk J R. Unstructured mesh generation[J]. Combinatorial Scientific Computing,2012, 12(257), 2.

[73] Stephen S, Hahmann T. An ontological framework for characterizing hydrological flow processes. In 13th International Conference on Spatial Information Theory (COSIT 2017) 2017. Schloss Dagstuhl-Leibniz-Zentrum fuer Informatik.

[74] Su Z, Pelgrum H, Menenti M. Aggregation effects of surface heterogeneity in land surface processes [J]. Hydrology and Earth System Sciences Discussions. 1999,3(4):549-63.

[75] Suarez P, Anderson W, Mahal V, et al. Impacts of flooding and climate change on urban transportation: A systemwide performance assessment of the Boston Metro Area[J]. Transportation Research, Part D (Transport and Environment), 2005, 10(3):231-244.

[76] Terstriep M L, Stall J B. The Illinois urban drainage area simulator, ILLUDAS. Bulletin (Illinois State Water Survey). 1974. no. 58.

[77] Umakhanthan K, Ball J E. Estimation of rainfall heterogeneity across space and time scale[J]. InGlobal Solutions for Urban Drainage, 2002,(pp. 1-16).

[78] Van D K J M , Younis J , De Roo A P J . LISFLOOD: a GIS-based distributed model for river basin scale water balance and flood simulation [J]. International Journal of Geographical Information Science, 2010, 24(2):189-212.

[79] Wang L, Tian B, Koike K, Hong B, Ren P. Integration of landscape metrics and variograms to characterize and quantify the spatial heterogeneity change of vegetation induced by the 2008 Wenchuan earthquake[J]. ISPRS International Journal of Geo-Information,2017,6(6):164.

< 124 >

［80］ Wu X，Wang Z，Guo S，Lai C，Chen X. A simplified approach for flood modeling in urban environments[J]. Hydrology Research,2018,49(6).

［81］ Wu X，Wang Z，Guo S，et al. Scenario-based projections of future urban inundation within a coupled hydrodynamic model framework：A case study in Dongguan City, China[J]. Journal of Hydrology, 2017, 547:428-442.

［82］ Xiao B，Wang Q H，Fan J，et al. Application of the SCS-CN Model to Runoff Estimation in a Small Watershed with High Spatial Heterogeneity [J]. Pedosphere, 2011, 21(6):0-749.

［83］ Yang J，Townsend R D，Daneshfar B. Applying the HEC-RAS model and GIS techniques in river network floodplain delineation[J]. Canadian Journal of Civil Engineering, 2006, 33(33):19-28.

［84］ Yang Q，Dai Q，Han D，Zhu X，Zhang S. Impact of the Storm Sewer Network Complexity on Flood Simulations According to the Stroke Scaling Method[J]. Water, 2018,10(5):645.

［85］ Hu Y，Wang J，Li X，et al. Geographical Detector-Based Risk Assessment of the Under-Five Mortality in the 2008 Wenchuan Earthquake，China[J]. PLOS ONE, 2011, 6(6).

［86］ Yin J，Yu D，Yin Z，et al. Evaluating the impact and risk of pluvial flash flood on intra-urban road network：A case study in the city center of Shanghai, China[J]. Journal of Hydrology, 2016, 537:138-145.

［87］ Yin J，Yu D，Lin N，et al. Evaluating the cascading impacts of sea level rise and coastal flooding on emergency response spatial accessibility in Lower Manhattan, New York City[J]. Journal of Hydrology, 2017, 555, 648-658.

［88］ Zeiler M. Modeling Our World：The Esri Guide to Geodatabase Design [M]. EsriPr, 1999.

［89］ Zhang X，Hu D，Min W. A 2-D hydrodynamic model for the river，lake and network system in the Jingjiang reach on the unstructured quadrangle [J]. Journal of Hydrodynamics, Ser. B. 2010,1;22(3):419-29.

［90］ Zhou W，Cadenasso M，Schwarz K，Pickett S. Quantifying Spatial Heterogeneity in Urban Landscapes：Integrating Visual Interpretation and，Object-Based Classification[J]. Remote Sensing, 2014, 6(4):3369-3386.

［91］ Zhu J，Dai Q，Deng Y,et al. Indirect damage of urban flooding：Investigation of flood-induced traffic congestion using dynamic modeling[J]. Water, 2018, 10(5):622.

< 125 >

[92] Zoppou C, Roberts S. Catastrophic collapse of water supply reservoirs in urban areas[J]. Journal of Hydraulic Engineering，1999,125(7)，686-695.

[93] 白军红，余国营，张玉霞. 湿地土壤养分的空间异质性研究方法构想[J]. 水土保持学报，2001，15(5):68-71.

[94] 北海. 科学与社会进步——介绍苏联科学家彼·列·卡皮察的主要观点[J]. 民主与科学，1990(5):19-20.

[95] 常静. 城市地表灰尘—降雨径流系统污染物迁移过程与环境效应[D]. 上海：华东师范大学，2007.

[96] 陈斌，郭烈锦. 非结构化网格快速生成技术[J]. 西安交通大学学报，2000，34(1):18-21.

[97] 陈常松，何建邦. 面向 GIS 数据共享的概念模型设计研究[J]. 遥感学报，1999，3(3).

[98] 陈华，郭生练，熊立华，等. 面向对象的 GIS 水文水资源数据模型设计与实现[J]. 水科学进展，2005，16(4):556-563.

[99] 陈玉敏，吴钱娇，巴倩倩，等. 多尺度地表水动态模拟及应用[J]. 测绘学报，2015(b12):36-41.

[100] 陈锁忠，黄家柱，张金善. 基于 GIS 的孔隙水文地质层三维空间离散方法[J]. 水科学进展，2004，15(5):634-639.

[101] 陈引川，吕宏军，王焜. 城市防洪设计水位计算方法的探讨[C]. 中国土木工程学会 1998 年全国市政工程学术交流会论文集，1998.

[102] 陈炎，曹树良，梁开洪，等. 结合前沿推进的 Delaunay 三角化网格生成及应用[J]. 计算物理，2009，26(4):527-533.

[103] 丛翔宇，倪广恒，惠士博，等. 基于 SWMM 的北京市典型城区暴雨洪水模拟分析[J]. 水利水电技术，2006，37(4).

[104] 崔登吉. 空间分布模式驱动的空间数据组织与索引研究[D]. 南京：南京师范大学，2016.

[105] 崔玉娟，叶瑜，方修琦. 基于 EOF 分析的江浙沪地区汛期降水时空变化特征研究[J]. 北京师范大学学报(自然科学版)，2014(6).

[106] 董欣，陈吉宁，赵冬泉. SWMM 模型在城市排水系统规划中的应用[J]. 给水排水，2006，32(5):106-109.

[107] 董欣，杜鹏飞，李志一，等. 城市降雨屋面、路面径流水文水质特征研究[J]. 环境科学，2008，29(3).

[108] 杜敏. 非结构三角网格生成及其在二维水动力学模型中的应用[D]. 天津：天津大学，2005.

[109] 范玉燕,汪诚文,喻海军. 基于一二维耦合水动力模型的海绵小区建设效果

< 126 >

评估[J].水电能源科学,2018,36(12):16-20.

[110] 傅伯杰.地理学综合研究的途径与方法:格局与过程耦合[J].地理学报,2014,69(8).

[111] 高文强.不同地理梯度上栓皮栎种群动态及其环境解释[D].北京:中国林业科学研究院,2017.

[112] 高丽楠,张宏.青藏高原高寒草地土壤铁的空间异质性[J].江苏农业科学,2017(15).

[113] 高雁,程银才,范世香.流域汇流瞬时单位线法中因次问题的商榷[J].人民黄河,2008,30(8):30-31.

[114] 龚建周,夏北成,刘彦随.基于空间统计学方法的广州市生态安全空间异质性研究[J].生态学报,2009,30(20):5626-5634.

[115] 官奕宏,吕谋,王烨,等.SWMM模型中参数率定及局部灵敏度分析[J].供水技术,2016,10(3):21-24.

[116] 韩洋.城市内涝控制与排水管网规划研究[D].西安:长安大学,2014.

[117] 何玉良.盐城市城市防洪规划研究[D].南京:河海大学,2005.

[118] 侯改娟.绿色建筑与小区低影响开发雨水系统模型研究[D].重庆:重庆大学,2014.

[119] 胡波,周明华,陈晓琪.武汉市城市水文的发展与思考[J].水能经济,2016(12):95-96.

[120] 胡和平,田富强.物理性流域水文模型研究新进展[J].水利学报,2007,38(5).

[121] 黄国如,黄维,张灵敏,等.基于GIS和SWMM模型的城市暴雨积水模拟[J].水资源与水工程学报,2015,26(4).

[122] 黄沈发.环境友好型城市建设研究[C].2006学术年会论文荟萃.中国生态学学会:中国生态学学会,2006:8.

[123] 金鑫,郝振纯,张金良.水文模型研究进展及发展方向[J].水土保持研究,2006,13(4):197-199.

[124] 鞠琴.基于人工神经网络的水文模拟研究[D].南京:河海大学,2005.

[125] 赖正清.平原河网区水文特征骨架数据模型与分布式空间离散化研究[D].南京:南京师范大学,2013.

[126] 李健,欧阳继红,王国伟,等.一个带单洞区域和一个简单区域间的拓扑关系表示[J].吉林大学学报(理学版),2012,50(6).

[127] 李立青,尹澄清.雨、污合流制城区降雨径流污染的迁移转化过程与来源研究[J].环境科学,2009,30(2):368-375.

[128] 李传奇,侯贵兵.一维二维水动力模型耦合的城市洪水模拟[J].水利水电

技术，2010，41(3):83-85.

[129] 李兆富，刘红玉，李燕. HSPF水文水质模型应用研究综述[J]. 环境科学，2012，33(7):2 217-2 223.

[130] 李光晖. 可持续雨洪管理下绿地和雨水管网协同优化决策指标研究[D]. 成都:西南交通大学，2017.

[131] 李明辉，何风华，申卫军，等. 基于土壤生物空间异质性分析的空间土壤生态学研究[J]. 土壤，2005，37(4).

[132] 李炫榆，宋海清. 空间异质性视角下中国差异化碳减排路径研究——基于地理加权回归模型的实证分析[J]. 亚太经济，2015(1):118-123.

[133] 李虹，宋煜，崔娜娜. 北京市居住用地价格的空间异质性研究[J]. 经济与管理，2018，262(03):28-36.

[134] 林光旭. 基于地理梯度的自然类景观资源分布规律[J]. 资源开发与市场，2010，26(4):343-345.

[135] 刘瑜，詹朝晖，朱递，等. 集成多源地理大数据感知城市空间分异格局[J]. 武汉大学学报:信息科学版，2018.

[136] 刘青娥，左其亭. TOPMODEL模型探讨[J]. 郑州大学学报（工学版），2002，23(4):82-86.

[137] 刘德儿，袁显贵，兰小机，等. SWMM模型与GIS组件的无缝耦合及应用[J]. 中国给水排水，2016(1):106-111.

[138] 刘家宏，王浩，高学睿，等. 城市水文学研究综述[J]. 科学通报，2014(36):3581-3590.

[139] 刘家宏. 暴雨径流管理模型理论及其应用[M]. 2015，科学出版社.

[140] 刘云刚，陆大道，保继刚，等. 如何回归地理学:我的思考与实践[J]. 地理研究，2018，37(6).

[141] 刘一宁，蓝秋萍，费立凡. 土地利用数据库中大比例尺面状道路数据缩编研究[J]. 武汉大学学报·信息科学版，2012，37(9)：1108-1111.

[142] 龙莹. 空间异质性与区域房地产价格波动的差异——基于地理加权回归的实证研究[J]. 中央财经大学学报，2010(11).

[143] 马海波，郑雄伟，魏婧. InfoWorksCS软件在金华市城区江南片洪涝模拟中的应用[J]. 水电能源科学，2013(10):50-52.

[144] 马钧霆，陈锁忠，刘欢，等. 一种前沿推进的自适应三角网生成算法[J]. 地理与地理信息科学，2015，31(5):14-19.

[145] 马晓宇，朱元励，梅琨，等. SWMM模型应用于城市住宅区非点源污染负荷模拟计算[J]. 环境科学研究，2012(1):95-102.

[146] 满霞玉，李丽，顾雯，等. 城市内涝积水点分布模拟及治理策略初探[J].

水电能源科学，2017(03):73-76.

[147] 梅超,刘家宏,王浩,等.SWMM原理解析与应用展望[J].水利水电技术，2017,48(05):33-42.

[148] 牛文元.理论地理学的内涵认知[J].地理研究，1988,7(1):1-11.

[149] 欧阳继红,霍林林,刘大有,等.能表达带洞区域拓扑关系的扩展9-交集模型[J].吉林大学学报:工学版，2009,39(6):1595-1600.

[150] 钱津.基于GIS的城市内涝数值模拟及其系统设计[D].南京:南京信息工程大学，2012.

[151] 秦语涵,王红武,张一龙.城市雨洪径流模型研究进展[J].环境科学与技术，2016,39(01):13-19.

[152] 仇保兴.海绵城市(LID)的内涵、途径与展望[J].建设科技，2015(1):1-7.

[153] 邱海军,曹明明,刘闻.基于EOF的陕西省降水变化时空分异研究[J].水土保持通报，2011,31(3):57-59.

[154] 冉有华,卢玲,李新.基于多源数据融合方法的中国1 km土地覆盖分类制图[J].地球科学进展，2009,24(2):192-203.

[155] 任伯帜,邓仁健,李文健.SWMM模型原理及其在霞凝港区的应用[J].水运工程，2006(4):41-44.

[156] 芮孝芳,蒋成煜,陈清锦,等.SWMM模型模拟雨洪原理剖析及应用建议[J].水利水电科技进展，2015,35(4):1-5.

[157] 沈敬伟,周廷刚,朱晓波.面向带洞面状对象间的拓扑关系描述模型[J].测绘学报，2016,45(6).

[158] 石富兰.基于知识与规则的管线网数据模型[D].南京:南京师范大学，2004.

[159] 师鹏飞,杨涛,张和喜,等.城市山丘区突发性洪水模拟与情景分析[J].水电能源科学，2014(12):63-66.

[160] 史蓉,庞博,赵刚,等.SWMM模型在城市暴雨洪水模拟中的参数敏感性分析[J].北京师范大学学报(自然科学版)，2014(5).

[161] 宋长青.地理学研究范式的思考[J].地理科学进展，2016,35(1):1-3.

[162] 宋建军,金鑫.水文数学模型研究概述[J].山西水利科技，2006(3).

[163] 孙俊,潘玉君,和瑞芳,等.地理学第一定律之争及其对地理学理论建设的启示[J].地理研究，2012,31(10):1749-1763.

[164] 孙久文,姚鹏.基于空间异质性视角下的中国区域经济差异研究[J].上海经济研究，2014(5):83-92.

[165] 苏子龙,张光辉,于艳.典型黑土区农业小流域不同坡向和坡位的土壤水分变化特征[J].中国水土保持科学，2013,11(6).

< 129 >

[166] 汤国安,刘学浑,闾国年,等. 地理信息系统教程[M]. 高等教育出版社,2007.

[167] 王船海. 数字流域二元结构体系与原型实现[D]. 南京:河海大学,2007.

[168] 王船海,杨勇,丁贤荣,等. 水文模型与GIS二元结构集成方法与实现[J]. 河海大学学报(自然科学版),2012(6):605-609.

[169] 王浩,杨贵羽. 二元水循环条件下水资源管理理念的初步探索[J]. 自然杂志,2010,32(3):130-133.

[170] 王浩,李扬,任立良,等. 水文模型不确定性及集合模拟总体框架[J]. 水利水电技术,2015,46(6):21.

[171] 王浩,贾仰文. 变化中的流域"自然社会"二元水循环理论与研究方法[J]. 水利学报,2016,47(10):1219-1226.

[172] 王晓霞,徐宗学. 城市雨洪模拟模型的研究进展[C]. 中国水利学会学术年会. 2008..

[173] 王慧亮,吴泽宁,胡彩虹. 基于GIS与SWMM耦合的城市暴雨洪水淹没分析[J]. 人民黄河,2017(8).

[174] 王静. 基于SWMM模型的山地城市暴雨径流效应及生态化改造措施研究[D]. 重庆:重庆大学,2012.

[175] 王昊,张永祥,唐颖,等. 暴雨洪水管理模型的城市内涝淹没模拟[J]. 北京工业大学学报,2018,303-309.

[176] 王铮,乐群,吴静,等. 理论地理学[M]. 第2版. 科学出版社,2015.

[177] 王铮,夏海斌,吴静. 普通地理学[M]. 北京:科学出版社,2010.

[178] 王玉,曹命凯,杨晨霞,等. 基于水动力耦合模型的平原地区排涝规划[J]. 排灌机械工程学报,2014,32(6):494-499.

[179] 王盛玺,宋松和,邹正平. 基于约束Delaunay三角化的二维非结构网格生成方法[J]. 计算物理,2009,26(3).

[180] 武玮婷,毕硕本,王军,等. 清代广西洪涝灾害时空特征分析[J]. 云南大学学报(自然科学版),2017(4).

[181] 吴良镛. 面对城市规划"第三个春天"的冷静思考[J]. 城市规划,2002,26(2):9-14.

[182] 吴丹洁,詹圣泽,李友华,等. 中国特色海绵城市的新兴趋势与实践研究[J]. 中国软科学,2016(1):79-97.

[183] 吴海春,黄国如. 基于PCSWMM模型的城市内涝风险评估[J]. 水资源保护,2016,32(5):11-16.

[184] 熊剑智. 城市雨洪模型参数敏感性分析与率定[D]. 济南:山东大学,2016.

[185] 熊丽君,黄飞,徐祖信,等. 基于SWMM模型的城市排水区域降雨及地表

< 130 >

产流特征[J]. 应用生态学报，2016，27(11):3 659-3 666.

[186] 夏非，张永战，吴蔚. EOF 分析在海岸地貌与沉积学研究中的应用进展[J]. 地理科学进展，2009，28(2):174-186.

[187] 徐金涛. 长江三角洲地区小流域环境变化对水文过程影响研究[D]. 南京:南京大学，2011.

[188] 徐慧珺. 基于 SWMM 模型的南京典型区雨洪模拟研究[D]. 南京:南京师范大学，2017.

[189] 许小娟，刘会玉，林振山，等. 基于 CA-MARKOV 模型的江苏沿海土地利用变化情景分析[J]. 水土保持研究，2017(1):213-218,225.

[190] 许晓莹，王丽君，刘克振，等. 现代水文模型中对流域空间异质性的考虑[J]. 科技创新与应用，2016(1):158-158.

[191] 薛文宇. 城市暴雨积水及街道洪水模拟模型研究[D]. 天津:天津大学. 2016.

[192] 肖洪浪，李锦秀，赵良菊，等. 土壤水异质性研究进展与热点[J]. 地球科学进展，2007，22(9).

[193] 殷剑敏. 南昌市暴雨积涝模拟及气候风险评估研究[D]. 南京:南京信息工程大学，2013.

[194] 俞孔坚，李迪华，袁弘，等. "海绵城市"理论与实践[J]. 城市规划，2015，39(06):26-36.

[195] 岳珍，赖茂生. 国外"情景分析"方法的进展[J]. 情报杂志，2006，25(7):59-60.

[196] 喻海军. 城市洪涝数值模拟技术研究[D]. 广州:华南理工大学，2015.

[197] 叶丽梅，周月华，向华，等. 基于 GIS 淹没模型的城市道路内涝灾害风险区划研究[J]. 长江流域资源与环境，2016，25(6):1002-1008.

[198] 杨宏，吴献平，周玉文，等. 一种基于 SWMM 管网水力模型 Inp 文件的 GIS 化的方法. 发明专利，专利申请公告号:CN 105740336A，2016.

[199] 詹道江，徐向阳，陈元芳. 工程水文学[M]. 第 4 版. 中国水利水电出版社，2010.

[200] 张建云. 城市化与城市水文学面临的问题[J]. 水利水运工程学报，2012(1):1-4.

[201] 张建云，王银堂，胡庆芳，等. 海绵城市建设有关问题讨论[J]. 水科学进展，2016(6).

[202] 张书亮，干嘉彦，曾巧玲，等. GIS 支持下的城市雨水出水口汇水区自动划分研究[J]. 水利学报，2007，38(3):325-329.

[203] 张振鑫，吴立新，李志锋，等. 城区内涝淹没模拟算法[J]. 测绘科学，

< 131 >

2016，41(6):87-91.

[204] 张楚. 山地城市住区低影响开发雨水系统水文效应研究[D]. 重庆:重庆大学，2016.

[205] 张娜. 浙江天童 20 公顷常绿阔叶林动态监测样地土壤性质的空间异质性[D]. 上海:华东师范大学,2012.

[206] 赵冬泉,陈吉宁,佟庆远,等. 基于 GIS 构建 SWMM 城市排水管网模型[J]. 中国给水排水,2008,24(7):88-91.

[207] 赵振勇,王让会,尹传华,等. 天山南麓山前平原土壤盐分空间异质性对植物群落组成及结构的影响[J]. 干旱区地理,2007,30(6):839-845.

[208] 邹霞,刘佳明. 城市降雨径流模型研究及模拟比较[J]. 中国农村水利水电,2016(12).

[209] 周玉文,杨伟明,刘子龙,等. 一种基于 GIS 模型数据库的 SWMM 水力模型输入文件 Inp 文件生成方法. 发明专利,专利申请公告号:CN105138707A,2015.

[210] 周晓喜. 城市雨水管网模型参数优化及应用研究[D]. 哈尔滨:哈尔滨工业大学,2017.

[211] 朱冬冬,周念清,江思珉. 城市雨洪径流模型研究概述[J]. 水资源与水工程学报,2011,22(3):132-137.

< 132 >